主　编：

伊尔曼 · 阿哈默德

研究学者，印度泰米尔大学，工业和地球科学系

副主编：

米萨斯 · 阿哈默德 · 达尔

技术专家，印度查谟-克什米尔邦公民社会部门，农业发展部

译者简介

刘崎峰，内蒙古鄂尔多斯人，2008 年博士毕业于韩国庆南大学校，现任教于内蒙古大学环境与资源学院，主要从事水污染防治方面的教学与研究工作。近年来，主持、参与了多项国家及省部级项目，发表论文十余篇，其中 7 篇被 SCI 收录。

水污染的新视角

[印]伊尔曼·阿哈默德　主　编
米萨斯·阿哈默德·达尔　副主编
刘崎峰　译

中国环境出版社·北京

图书在版编目（CIP）数据

水污染的新视角 /（印）阿哈默德（Ahmad，I.），（印）阿哈默德（Ahmad，M.）编；刘琦峰译. —北京：中国环境出版社，2015.2

ISBN 978-7-5111-2201-8

Ⅰ. ①水…　Ⅱ. ①阿…②阿…③刘…　Ⅲ. ①水污染防治　Ⅳ. ①X52

中国版本图书馆 CIP 数据核字（2015）第 006052 号

本书英文原版由 InTech 公司出版，ISBN 978-953-51-1076-7

地址：Janeza Trdine 9，51000 里耶卡，克罗地亚

出 版 人　王新程
责任编辑　刘　杨　董蓓蓓　谷妍妍
责任校对　尹　芳
封面设计　彭　杉

出版发行　中国环境出版社
（100062　北京市东城区广渠门内大街 16 号）
网　　址：http://www.cesp.com.cn
电子邮箱：bjgl@cesp.com.cn
联系电话：010-67112765（编辑管理部）
发行热线：010-67125803，010-67113405（传真）
印　　刷　北京中科印刷有限公司
经　　销　各地新华书店
版　　次　2015 年 6 月第 1 版
印　　次　2015 年 6 月第 1 次印刷
开　　本　880×1230　1/32
印　　张　4.5
字　　数　90 千字
定　　价　20.00 元

前　言

水是重要的自然资源，也是生态系统的核心。人类对水的使用依赖于水的质量，而土地用途的改变对水的质量产生了广泛的影响。当水的质量受到污染物的不利影响，并且承载生物群落的能力发生明显改变时，这样的水通常称为污染的水。

本书面向的读者主要包括研究学者、水文学家、环保人士，可作为学生的参考用书，亦可作为他们未来科学事业的宝贵资源。

很多人对本书的编辑作出了贡献。在此非常感谢各位作者，特别是出版经理 Marija Radja 女士，感谢她在出版过程中与编辑及时、有效的沟通。

“水是生命之源，不能污染”。

目　录

第 1 章

巴西里约热内卢水生环境中细菌对抗生素的耐药性

菲利普·赫尔南德斯·科蒂尼奥　等

1.1　引言

水生环境关乎生态健康和经济发展。遗憾的是，在世界范围内，水生环境受到过多的人为影响。城市、工业及农业活动都要承担污染物排放的责任。肥料、污泥、有机化合物、重金属以及各种来源的废水，通常在未经适当处理的情况下排放到水体中。这会产生以下几种可能的结果：水体富营养化、缺氧、具有毒性、污染物在生物体内累积和病原体的传播。同时，这些污染物可以传播到很远的地方。因此，即使是人类活动不是很密集的地区，也会受到这些污染物的影响。

环境污染以无数种形式影响微生物群落。污染源、污染的量与生态系统动态地调节微生物对人为影响的反应。作为回应，微生物群落在生态系统的功能、物种组成和数量方面发生急剧变化。水生环境的污染可能导致数种后果。这种影响和潜在的致命性细菌的联系，尤其关系到人类祸福。

大量有机物在水体中沉积会导致富营养化。这将促进异养菌的生长，其中包括致病菌，例如志贺氏菌、沙门氏菌和霍乱弧菌。它们都是水源性疾病（例如霍乱和腹泻）的病原，影响全球数百万人的生命。这些疾病在发展中国家最常见，因为这些地区对水源的处理和卫生设备非常有限。另外，致病细菌来源于人类粪便，粪便直接排放到水环境中危及水的质量。

自从抗生素的抑菌性能被发现以后，抗生素被广泛用于细菌感染的治疗。目前大约有 250 种抗生素正在被使用。这些药物含有能够杀死细菌或延缓其生长的天然或合成物质。然而，抗生素治疗的有效性正在随着时间推移而减弱，这是由于细菌对抗生素产生了耐药性。

使用抗生素（ABs）产生的选择性压力，一方面导致易受影响的细菌死亡，另一方面增强了部分菌株的耐药性。这些细菌可能天生耐受这些药物，也可能通过同化外源性 DNA 纳入耐药性基因。环境中发生广泛的基因交换，机会致病菌（一般在独立生存群落中发现）在获得耐药机制后也可能会产生耐药性。

环境中细菌耐药性（AR）的日益增加促使一些学者考虑将抗生素耐药性细菌（ARB）和抗生素耐药性基因（ARG）视作一类新兴的污染物。这一群体与其他污染物相比具有特殊的性质：自我增强和扩散的能力、在环境中的持久性。因为人类依赖于水生环境，所有 ARB 和 ARG 在这些区域的增殖将对人类健康构成严重威胁。然而，抗生素的耐药性不仅是一个医学问题，也是一个生态问题。为了了解耐药性传播的过程，不仅要考虑医院环境，还有必要考虑生态环境和耐药微生物的进化。在本章中，我们将讨论 ARG 和 ARB 在水生环境中的出现及传播，并特别注意污染对这一现象的影响。我们将说明抗生素耐药基因的起源以及它们和环境及病菌的相互作用。另外，我们将列举里约热内卢的天然和人为影响的水生环境中有关耐药性的 3 个研究案例。最后，我们将阐述彻底改变这种现状的方法，或者至少减轻抗生素耐药性在环境细菌中的传播。在本章中，术语“微生物群落”“细菌”和“微生物”专门用于指代细菌。

1.2　抗生素和耐药细菌

20 世纪中期，源于环境微生物的几种新药被发现。在这期间，目前使用的大多数抗生素第一次被表征。抗生素源于独立生存的微生物中抑制细菌生长的物质的发现，例如青霉素。抗生素能起到损害微生物关键过程（例如代谢途径和蛋白质的合成）的作用（表 1-1）。因此，足量的这些药物将导致细菌生长受到抑制或死亡。虽然这些药物不限定医疗用途，但抗生素主要用来治疗人体感染。这些物质作为兽医治疗方法也被广泛用于畜牧业；也可以作为生长促进剂用于农业和水产养殖业，预防和抵御细菌感染。预计全世界每年抗生素的消耗量高达 200 000 t。虽然被广泛使用，但是抗生素的效力随时间推移而下降，这是 ARB 扩散的结果。在这些药物的浓度达到中毒限值时微生物可以继续生长。千百万人的健康受到耐药微生物引发的感染危害，并使耐药性成为全球关注的问题。这一问题非常严重，耐药性现在已经囊括已知的所有种类的抗生素。对于一些病原体，根本没有任何可以治疗的药物。此外，一些之前视为可以治愈（例如淋病和伤寒）或者处于控制之中的疾病（例如肺结核），由于耐药菌株的出现，再次危及人类生命。

表 1-1 抗生素类别、作用机制及耐药机制

种类	抗菌剂	作用机制	耐药机制
氨基糖苷类	庆大霉素，卡那霉素，链霉素	抑制蛋白质合成	外排，酶失活，突变靶点
胺醇类	氯霉素	抑制蛋白质合成	外排
大环内酯类	克拉霉素，红霉素	抑制蛋白质合成	外排，突变靶点
四环素类药物	四环素，强力霉素	抑制蛋白质合成	外排
β-内酰胺*	青霉素，氨曲南，头孢噻肟	抑制细胞壁合成	酶失活，突变靶点
糖肽	万古霉素，博莱霉素	抑制细胞壁合成	细胞壁修饰，外排
喹诺酮类药物	萘啶酸，环丙沙星	抑制核酸合成	外排，突变靶点
磺胺类药物	磺胺甲恶唑	抑制叶酸合成路径	变更酶，突变靶点
脂肽	达托霉素	细胞膜去极化	细胞膜修饰，突变
氨基酸衍生物	多黏菌素 B	细胞膜通透性	细胞膜修饰

*分为四个子类：青霉素类、头孢菌素类、碳青霉烯类和内酰胺类。

至少对 3 种以上抗生素具有耐药性的微生物视为多重耐药微生

物。据估计，仅在 2007 年，欧洲就发现了 40 万例由多重耐药细菌造成的感染，涉及 25 000 人的死亡。世界卫生组织预计，每年由多重耐药性肺结核造成的死亡人数至少为 150 000 人。多重耐药性病原体与发病率和死亡率的增加有关，因为它们不易受到抗生素（我们对抗细菌感染的主要武器）的影响。对这种微生物疾病的治疗更加昂贵，因为通常需要长时间的治疗、更多的临床试验，以及更多的药物。这对发展中国家来说关系重大，因为定向用于购买更有效、更昂贵药品的预算很少。

抗生素易感性的概念取决于剂量。在足够高的浓度下，所有微生物都具有易感性。然而，这样的浓度通常因为太高而对人体产生毒性。一些菌株的耐受浓度略高于临床水平，而有些甚至可以在 50 倍以上的浓度中存活。数种耐药机理已经记录在案（表 1-1）。这些机理可使微生物对一种或同一类别多种药物具有耐药性。一般的耐药机理包括：

（1）酶失去活性，蛋白质可以阻碍抗生素的活性。

（2）靶点突变，表现为蛋白质突变，对抗生素的亲和力下降。

（3）外排泵、膜间蛋白质能够将抗生素移出细胞质。因为没有靶点或者抗生素不能穿透细胞壁或细胞膜，产生对抗生素的耐药性。

1.3　耐药组

抗生素耐药性不仅限于病原性细菌。耐药性在环境微生物中广泛存在。自然生态系统是耐药机制研究的热点，因为独立生存的微生物中存在众多的遗传多样性。在微生物 AR 中涉及的基因组被命名为耐药组（图 1-1）。这一概念不仅包括含有真正耐药性因素的基因，也包括可以进化出这种特点的前体基因。土壤细菌和水生细菌通常具有耐药因素，即使在干净的地点，例如陆地地下深处以及南极海域也是如此。因此，土壤细菌群落可以代谢抗生素，并依靠它们作为唯一碳源生活。

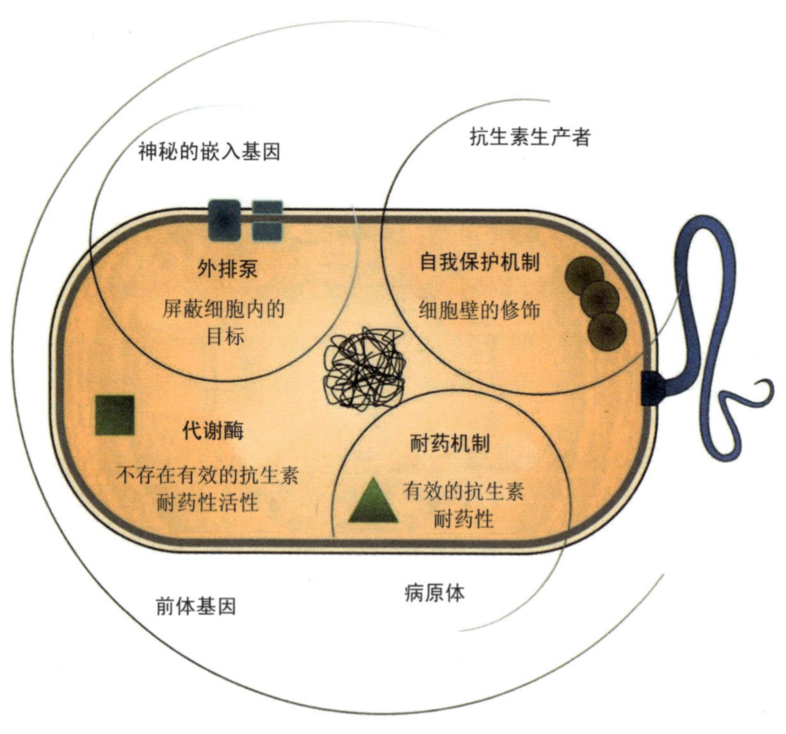

图 1-1　微生物耐药组的作用机制

已知数种微生物可以产生抗生素。这些生物也是耐药基因的来源。它们利用自我保护机制，控制这些物质的毒性。这些抗生素制造者不可能在独立生存的微生物群落产生抑菌浓度的维生素。因此，它们对 ABs 的使用，可能与俗称的杀菌用途截然不同。在环境中，抗生素扮演着不同的角色。它们作为信号分子，用于微生物之间的通信，调节群落的动态平衡。在亚细菌浓度的 ABs 中，能够诱导基于表达模式的显著变化。这些物质可以影响生物膜的形成以及细胞毒性。因此，在无毒水平，ABs 作为信号，起到调节作用，与它们在药用中的杀菌性能相反。

在人类开始使用这些物质之前，抗生素及耐药机制已经长时间存在于地球的微生物中。环境细菌中包含针对β-内酰胺类、万古霉素和四环素的耐药机制可能已超过 30 年。有证据表明，在这个星球上，天然的 ABs 在 100 万年以前已经出现。据报道，β-内酰胺酶，即阻止β-内酰胺活性的生物酶已经有 20 亿年的高龄。ARG 可能源于非耐药性生理功能的基因单位的进化，例如解毒、分泌和信号路径。这些基因对前体蛋白进行编码，适当的选择压力可以进化出真实的 AR 特点（图 1-1）。所以，所有细菌基因组很可能隐含耐药组基因。

耐药基因在环境细菌中广泛存在并且快速传播，其中主要表现为多重耐药组，通常可以耐受极高浓度的抗生素。大肠杆菌的全基因组编码包含接近 600 种负责排出小分子的蛋白质，其中很多与消除有毒化合物有关，这使得它们具有先天耐药机制。研究已经揭示出 ARB 的进化，显示出耐药性性状与适合度的关系，作为衡量生物体适应特定环境的标准。通过对比控制菌株的细菌生长率进行衡量。较高的生长率被解释为较高的适合度，反之亦然。在抗生素环境中，耐药菌株比易感菌株具有较高的适合度。通过对比，如果没有抗生素，耐药菌株一般生长缓慢，而且会被易感菌株超过。所以，当不存在抗生素的时候，耐药性基因没有优势，往往会从微生物种群中消失。但是，与 AR 相关的较低的相对适合度并非绝对。代偿性突变可以扭转源于包含耐药基因的代价。缺乏适合度代价，有利于延长 ARB 和 ARG 在去除抗生素之后的微生物种群中的存留时间。此外，可能很少的 AR 特性会进入无适合度代价，并且在特定情况下甚至会增加 AR 特性。

1.4 抗生素耐药性的进化和传播：污染的作用

与真核生物相比，细菌的生命周期很短。这一特点使新的适应性迅速出现。在很短时间内，原本易感细菌可能会通过基因突变或获得耐药基因产生耐药性。在抗生素存在的环境中，耐药性状往往会在微生物种群之间迅速传播。细菌的这种进化特性有助于多重耐药性致病菌株的快速发展。因此，一旦新的抗生素投入使用，不用很长时间新的耐药性微生物就会出现。耐药性的传播随着人口增长和抗生素使用的增加而增强。某种药物消耗得越多，对细菌群落施加的选择性压力越大。因而，耐性突变进化成功，随后逐步增加在细菌种群的数量。这种现象会发生在细菌群落受到选择性压力相对较强的地方，例如医院。当多细胞有机体接受抗生素治疗时，其共生族群就会发生急剧转变。在这个过程中，与人类相关的微生物的数量和多样性就会减少，最终数量较低的族群可能被淘汰。但是，整个群落的适应能力可以使多样性随着时间恢复。另一种结果是对 ARB 的正向选择，其中揭示出对以下抗生素治疗的较多使用。人体菌群中的 ARG 和 ARB 通过废水排放进入水体环境。此外，环境细菌不断嫁接到人体组织中，通过直接接触这些地点，或间接通过食物和水接触。水体是基因交换的场所，环境细菌和来自人体或其他动物的微生物相互作用，通过横向基因转移（HGT）交换基因。机会致病菌通常具有大量、多功能的基因组，容易分享基因信息。这一特点有助于这些病菌克隆多样性的环境。因此，当水生生态系统受到携带耐药细菌的污染，将危及人类的安全。

基因转移可以发生在致病细菌和环境细菌之间，甚至是非常遥远的有机体（例如革兰氏阳性细菌和革兰氏阴性细菌）之间。当 ARG 没有编入细菌染色体，而是活动基因元素（例如质粒、转座子或整合子），这些实体的传播能力得到加强。因此，抗生素耐药性在首次接触 AR 元素之后，可能会在环境族群中存活很长时间（图 1-2）。另外，噬菌体可能在耐药性扩散过程中起了重要作用。这些病毒在水生环境中数量巨大，已经证明可以携带 ARG，无论在原始的还是在受污染的水生栖息地。虽然环境和致病细菌皆携带 ARG，但是这些基因单位的调控各有不同。病原体一般以活动遗传因子的形式携带这些基因，并呈组成性表达。同时，独立生存细菌中的 AR 在接触抗生素之后，通常会进行染色体编码并启动表达形式。因为病原微生物对抗生素毒性水平更敏感，ARG 的持续表达使它们时刻对这些药物做出反应；另一方面，环境中的细菌不经常与抗生素接触。所以对耐药性基因的抑制作用很可能是有益的。

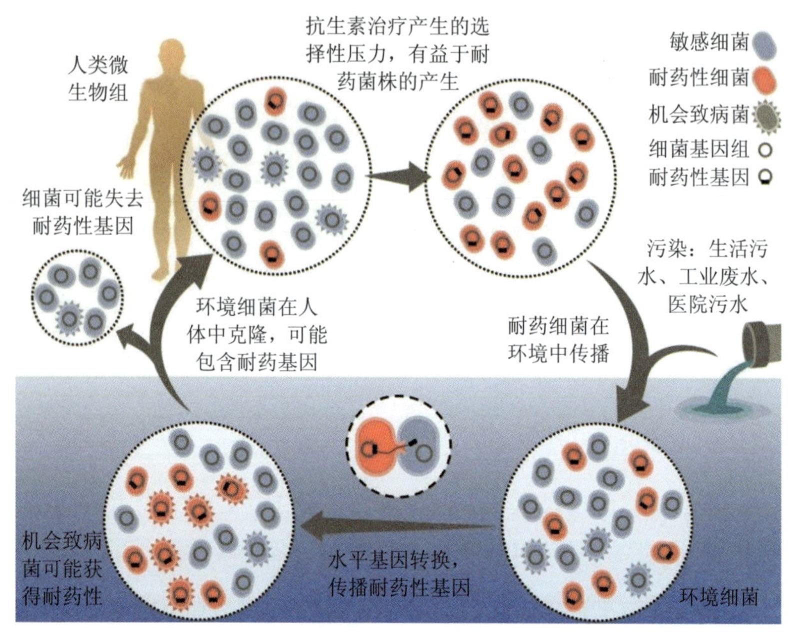

图 1-2　污染、耐药性细菌和水生环境之间的相互作用

污染在耐药菌产生和扩散过程中的作用尚不清楚。然而，越来越多的证据显示，水生环境的污染促进 ARB 的增殖（图 1-2)。在这些领域，来自生活的废水排放影响了耐药性细菌的多样性。这些影响也包括通过增加栖息地中抗生素耐药性基因的数量改变水体基因库。正如之前提到的，在临床情况下，耐药微生物最成功，所以它们的数量增加。所以，医院的废水已被证明富含耐药性基因以及耐药性细菌。

农村使用高浓度的抗生素作为生长促进剂。食用这些物质的动物成为耐药性细菌的另一来源。多细胞生物可以与其他生物及周围环境交换相关微生物成员。因此，动物可以将 ARB 传播给其他动物、人类和整个环境。

抗生素耐药性一般会在携带重金属耐药性基因的同类活动遗传因子上进行编码。这些基因是存在重金属情况下的正向选择。与这些基因一起，ARG 是共同选定的。这种情况即使不存在抗生素施加的选择性压力也会发生。与其他有机物不同，金属不能降解。它们会在环境中长期存在，可能促进对抗生素耐药性基因的共同选定。

此外，自然界的力量，例如风和水都可能会将微生物以及基因组中的 AR 因子传播到很远的距离。

1.5　案列研究：巴西里约热内卢水体污染和抗生素耐药细菌之间的相互作用

1.5.1　里约热内卢水生环境中抗生素耐药细菌的多样性

里约热内卢市沿着瓜纳巴拉湾分布，创造了一个高污染的微咸环境。来自生活、医院、工业和农业的未经处理的污水被不断排放到海湾水域。海水、淡水和污水混合导致了此栖息地微生物的多样性。我们的团队已经调查了海湾的微生物生态系统。我们一直在努力阐明人类活动对该栖息地的细菌群落施加的影响。

目前，我们正在探索废水排放、海湾 ARB 多样性以及附近水体环境之间的关系。为此，我们分析了里约热内卢水体中对氨苄青霉素具有耐药性的可培养细菌的多样性，对取自里约热内卢市 3 个地点（BT、GB 和 CC）的对氨苄青霉素具有耐药性的细菌的多样性进行了评估，然后将这些群落与格兰德岛（PR、PB 和 MS）（位于大西洋热带雨林保护区的原始岛屿）的细菌多样性进行了对比（图 1-3）。

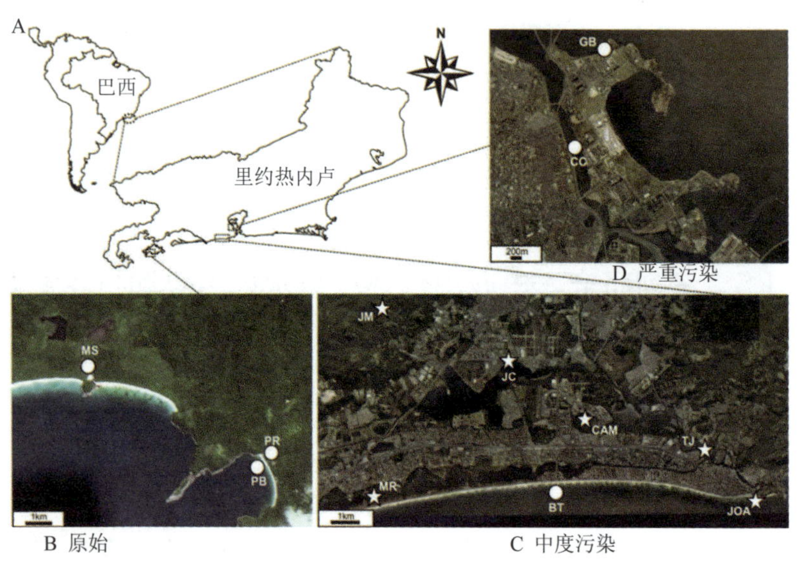

图 1-3 位于里约热内卢州采样点的地图

案例研究 1：采样点用圆圈表示：红树林系统（MS）、Paranaioca 河（PR）及 Parnaioca 海滩（PB）；Barra da Tijuca（BT）、瓜纳巴拉湾（GB）及库西亚通道（CC）。
案例研究 2：采样点用星号表示：Engenho Novo（JM）、Jacarepaguá 潟湖（JC）、Camorim 潟湖（CAM）、Tijuca 潟湖（TJ）、Marapendi 潟湖（MR）及 Joá 渠道（JOA）。
卫星图像取自谷歌地图。

氨苄青霉素是青霉素类的子类，是广泛使用的处方用β-内酰胺类抗生素。这种物质也可以用于实验室实践，细菌通过分子克隆获得氨苄青霉素的耐药性基因。混合细菌培养物的接种菌分别从上述 6 个采样点取得，培养在 4 个抗生素浓度中进行。细菌培养在氨苄青霉素临床耐药和超级耐药（高 50 倍）的浓度中。超级耐药浓度的培养显示，在高于临床水平 600 倍的抗生素培养介质中，培养物呈现出生长态势。细菌还被放置在无氨苄青霉素的培养基中进行对比。为了建立 16S rRNA 基因库，在提取 DNA 之后，所有培养物在 37℃的 LB 培养基中 24 h 都在生长。

从格兰德岛原始环境族群中仅表现出无抗生素的培养基的生长。虽然，这些地点很可能含有 ARB，但使用我们的培养方法无法检测出。所有里约热内卢市受人为影响的培养基中，都表现出氨苄青霉素浓度的增加。弧菌目在所有基因库中都很丰富，无论来自接种菌还是抗生素浓度。受影响地点（BT、GB 和 CC）耐药细菌的多样性包括来自肠杆菌目、厚壁菌门和拟杆菌门的成员。这些生物体大量存在于脊椎动物的肠道中，并且它们的存在是水体被污染的证据。基因库分析表明，在人为影响较少的自然环境中，耐药性的影响传播较小。

瓜纳巴拉湾的细菌通过功能选择，在包含氨苄青霉素的固体琼脂平板上分离。从这些面板上总共获得 9 种菌株，但只有 5 种可以通过 16S rRNA 基因测序鉴定。3 种菌株由于其耐受氨苄青霉素、四环素、卡那霉素，被划分为多重耐药菌株。其中一个菌株被鉴定为不动杆菌醋酸钙，其余两个为肺炎克雷伯氏菌。我们从肺炎克雷伯氏菌中得到一种高分子量的质体，当通过电穿孔进入合适的 DH10B 大肠杆菌之后，获得氨苄青霉素耐药性。

未受污染的地点（MS、PB 和 PR）多样性较低，但是耐药细菌相对丰富。受人类影响的地点（BT、GB 和 CC）中含有丰富的 ARB，其中有许多确定为粪便细菌或机会致病菌。潜在的致病菌呈现出的对氨苄青霉素耐药性，在所有污染环境的基因库都能检测到。这些结果表明，AR 的传播程度与每个采样点人为影响的水平有关。因此，污染和这些环境中抗生素耐药性的传播是相关的。

1.5.2 通过多相法揭示 Jacarepaguá 潟湖系统水资源的影响因素

Jacarepaguá潟湖系统位于里约热内卢市区。占地 280 km^2，潟湖系统由 4 个主要湖泊组成：Jacarepaguá、Camorim、Tijuca 和 Marapendi。几条小河流入这些湖泊，其中有一条古老的 Engenho Novo 河（JM 站）。Joá渠道连接大西洋和潟湖系统，使湖泊呈现微咸的环境（图 1-3C）。所有潟湖都不同程度地受到大都市的污染，但是 Jacarepaguá（JC）和 Camorim（CAM）最为严重。沉积物、海水和大陆淡水使这一生态系统成为动态栖息地。在海洋潮汐、降水径流和污水流入的作用下，邻近湖泊和沿海海洋环境的物理、化学和微生物特性在很短时间内变化。这些变化反映在本地微生物上，表现为非常细微的变化。

为了更加准确地描绘环境样品中微生物的多样性，我们建议采用多相方法。因此，为了调查潟湖系统，我们采用了多步骤分析方法，其中包括独立生存（宏基因组）和培养（富集培养）的细菌群落的 16S rRNA 基因库的建设。此外，我们通过选择性琼脂平板将细

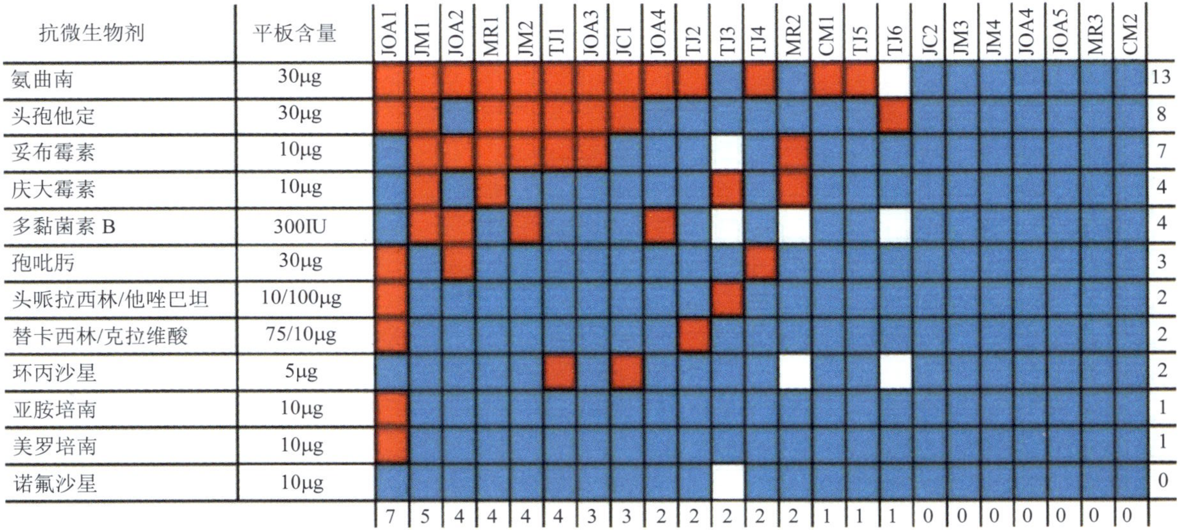

抗微生物剂	平板含量	JOA1	JM1	JOA2	MR1	JM2	TJ1	JOA3	JC1	JOA4	TJ2	TJ3	TJ4	MR2	CM1	TJ5	TJ6	JC2	JM3	JM4	JOA4	JOA5	MR3	CM2	
氨曲南	30μg																								13
头孢他定	30μg																								8
妥布霉素	10μg																								7
庆大霉素	10μg																								4
多黏菌素 B	300IU																								4
孢吡肟	30μg																								3
头哌拉西林/他唑巴坦	10/100μg																								2
替卡西林/克拉维酸	75/10μg																								2
环丙沙星	5μg																								2
亚胺培南	10μg																								1
美罗培南	10μg																								1
诺氟沙星	10μg																								0
		7	5	4	4	4	4	3	3	2	2	2	2	2	1	1	1	0	0	0	0	0	0	0	

图 1-4　采用纸片扩散法测定 Jacarepaguá潟湖系统中 23 个菌株的抗生素敏感性图

红色方块表示耐药性；蓝色方块表示易感性；不可用数据表示为白色。右端的数字表示对每一种抗生素具有耐药性的菌株的数量。底部的数字表示每一种菌株对应具有耐药性的抗生素的数量。

菌与潟湖系统分离。这些菌株通过纸片扩散法实施药敏试验。这种技术包括将嵌入抗生素的圆盘放入琼脂平板上的条纹状细菌培养基中。抗生素在培养介质中呈现出不均匀的扩散，即更接近圆盘的抗生素浓度较高。通过测量圆盘周围的抑制晕轮，将细菌分为耐药性和敏感性。

通过宏基因组学、富集培养和分离法，我们从研究区域评估了 3 种不同的细菌多样性，并通过非常小的数量的操作分类单位发现的 3 个数据集之间的共同之处得以证实。所有方法在湖泊中都检测出霍乱弧菌。动植物种类史的分析表明，居住在潟湖中的粪便细菌和病原体种类很多。所有菌株中 50%是耐药性细菌，其中包括人类已知的病原体，例如铜绿假单胞菌和霍乱弧菌，以及机会致病菌，例如鹑鸡肠球菌和河流弧菌，多显示出多重耐药性。取自 Jacarepaguá潟湖中 23 个菌株的耐药性曲线如图 1-4 所示。我们的多相试验法为评估城市区域水生环境相关的健康分析提供了以群落为基础的指标。机会致病菌在污染的湖泊中广泛存在。然而，当这些细菌包含对抗传统药物的耐药基因之后，这种环境对当地居民构成了严重的风险。潟湖是食物和水的来源，也是休闲场所，尽管湖泊存在与人类接触的不足之处。在该研究中，我们建议利用互补技术，分析微生物的多样性，旨在根据物理和化学参数评估水的质量；并应用宏基因组学和微生物学数据。

1.5.3 从医院污水处理系统分离出的铜绿假单胞菌的耐药性

绿脓杆菌是一种高适应性的机会致病菌。这种细菌可以在抗菌治疗中存活，成为细菌感染疾病治疗的重大挑战。绿脓杆菌耐药性归因于染色体突变或通过质粒、转座子或噬菌体介导进行基因交换获得 ARG。前面已经对由这种细菌引起多重耐药性的影响范围的扩大进行过描述。大多数调查耐药性报告主要集中在临床分离出的菌株，但很少有研究团队会评估医院污水处理厂的细菌耐药性。这样的处理厂已被确认为耐药菌和耐药基因的宝库。

我们对从里约热内卢市某医院分离的绿脓杆菌的抗生素耐药性进行了评估。这些菌株来自临床标本或处理医院的废水排放的污水处理厂。废水处理系统为延时污泥曝气工艺，随后进行深度处理（经氯化对最终出水进行消毒）。整个过程包括 5 个阶段：废水入厂、曝气池、沉淀池、氯化消毒罐和氯化处理后污水出厂（图 1-5）。这些阶段的设计，可以在过程中清除大部分细菌。这个过程很充足，不像世界上其他地区的医院，将他们未经处理的废水直接排入污水系统。除了多黏菌素 B，还要测试所有抗生素的耐药性。临床分离株的耐药率明显高于污水处理系统中的样品。

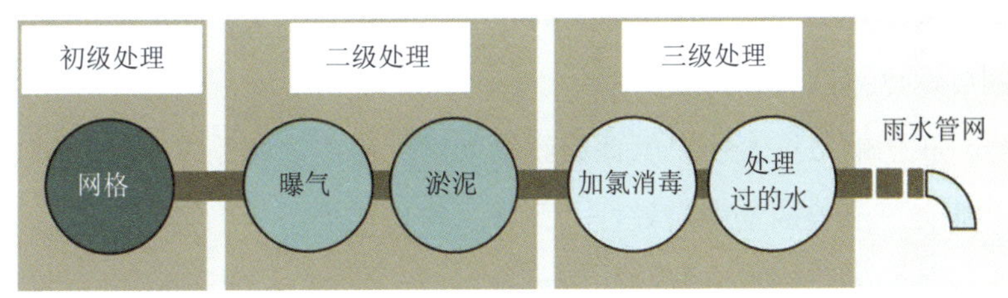

图 1-5　医院污水处理厂示意图

通过对比发现，从污水处理厂中分离的菌株中，氨曲南的耐药率较高。从分离株中共鉴定出21种耐药谱。所有临床分离株中，89%的菌株对3种以上的抗生素具有耐药性，因此定义为多重耐药。污水处理厂只有18.5%的菌株被归类为多重耐药。最令人惊讶的是，氨曲南的耐药率在以上两个地点都很高，分别为50%（临床）和63%（污水处理厂）。

一些研究表明，医院的废水处理系统如同向环境中释放抗生素耐药细菌的传播者一样。从诊所和污水处理系统分离株检测出的耐药水平表明，这些生物体是ARG的重要来源，其中氨曲南耐药细菌所占比例较大。这种抗生素通常用于绿脓杆菌感染的治疗。暴露于抗生素中被公认为是细菌获得氟喹诺酮类和β-内酰胺类耐药性的主要因素。此外，外排泵上调可以传播氟喹诺酮类和氨曲南的耐药性。三氯生和季铵化合物，被广泛应用于临床实践。释放到医院废水中的这些物质连同铜绿假单胞菌的细胞，必须利用外排泵耐受它们的存在。季铵化合物的使用存在选择性的压力，因为其可以促进*qacE*基因的传播，并对此类消毒剂产生的耐受性负责。*qacE*基因通常位于一类整合子中，包含在抗生素耐药基因HGT中。因此，这些消毒剂可通过共同选择诱导AR。

我们的数据表明，氨曲南耐药细菌在水生生态系统中的传播，可能会影响该药物的有效性。此外，这些结果进一步证明，基本卫生设施的不稳定以及医院污水处理厂效率较低，可以促进多重耐药菌的传播，使其最终进入水生生态系统。

1.6　扭转耐药性的方法

与耐药性传播战斗需要采取的最重要的行动就是更深入的研究。虽然已经确定 ARG 和 ARB 的来源，但是我们对细菌获得并传播耐药性的过程的了解还很有限。此外，对新的耐药机制出现的了解更是少之又少。在这些领域取得发展，制定干扰耐药性状传播的全面策略非常重要。促使这些策略的成功应该从环境和临床两个方面着眼。

确定对人类健康构成威胁的耐药菌株的潜在来源非常重要。同时，说明污染物在增强这些风险时的作用也很重要。在独立生存群落中，抗生素被认为是信号分子，但是微小物质通过这一机制在微生物通讯中的作用，仍然有待确定。在这一研究领域的工作有利于更好地了解和这些药物功能相关的有价值的知识。这些信息将有助于新药的开发和优化使用抗生素。

生态系统被废水中的 ABs 污染。但是，这些物质通常不可能在水生环境中达到抑菌的浓度。此外，这些药物会在光、热和酶的作用下发生降解。因此，水生环境中的抗生素不可能对微生物群落产生杀菌效果。虽然有人提出其他观点，但是支持这些说法的科学证据仍然缺失。尽管如此，亚抑菌浓度的 ABs 可以通过修改细菌转录模式来影响细菌群落。耐药细菌能够繁殖和传播耐药基因。相对于被抗生素污染的环境因素，这些微生物的传播是有利于耐药性传播的最直接因素。提供足够的个人卫生和环境卫生条件至关重要，因为未经处理的水可传播病原体。尤其应注意医院废水的处理和任何广泛使用抗生素的其他地方。这些地方耐药菌株比较丰富。因此，这些地点的废水在排放前，需要更有效的方法消除细菌。

通过调节使用抗生素降低选择压力是破坏耐药性扩散的关键步骤。在非必要情况下，可以中止或暂停使用抗生素（例如畜牧业、农业和水产养殖业）在医学和兽医学中的使用。即使如此，还是要对抗生素严加控制，以便创造不利于耐药株生长的环境。为了保护这些分子的有效性，有些国家已禁止在动物饲养中使用抗生素作为动物生长促进剂。如前所述，抗生素耐药性状往往与较低相对适合度相关。利用有利于易感菌株的适合度代价，是减少耐受微生物中细菌数量的另一种途径。耐药组的巨大差异使 AR 的出现不可避免。也许没有有效的方法可以完全防止耐药性的传播。因此，可能需要开发治疗细菌感染的替代疗法。使用细菌无法产生耐药性或者需要很长时间才能产生耐药性的新的药物化合物，可能是抗生素治疗的唯一选择。此外，噬菌体疗法是一种替代抗生素的很有前景的方法。

1.7 结论

对抗生素耐药细菌的传播进行调查的主要原因是它对公共卫生已构成威胁。然而，这些研究都集中在医学角度上的问题，常常忽略生态系统的作用。已经证明，自然栖息地是耐药性状的仓库，应特别注意这些地点对耐药性的进化和生态产生的影响。人类对水生栖息地产生的深远影响有利于 ARB 的出现。

我们对里约热内卢水生环境地点的分析结果表明，人类影响促进细菌的耐药性在水生栖息地中传播。我们在干净的地点，如格兰德岛中无法检测出耐药菌。而在该城市受影响的环境中存在各种 ARB。在 16S rRNA 基因库和分离菌株中，检测出多种耐药菌。这些生物的丰富度揭示出令人警醒的现象：污染可以促进病原体及耐药性性状的传播。另外，即使处理后的废水，仍然包含多重耐药铜绿假单胞菌，这表明我们减少耐药性传播的努力并非完全有效。

除非采取减少污染、有意识地使用这些药物等预防措施，才能对抗抗生素耐药性的传播，人类可能将面临抗生素时代的结束。正如前面提到的，已经提出一些抵消 AR 蔓延的方法，但是在 2012 年以前，很少在全球范围内实施。自然栖息地的污染给人类带来的风险，很可能对保护地球生态系统最有说服力。因此，通过在社会成员之间传播这些信息，提高风险意识非常重要。此外，在可持续发展的讨论中，例如在 2012 年里约热内卢举行的里约+20 会议上，应该考虑抗生素的耐药性。这些策略可以确保抗生素带来的好处，从而显著提高人类和动物的福利，拯救无数的生命。

作者详细信息

Felipe Hernandes Coutinho1[*]，Leonardo Henriques Pinto[1]，Ricardo Pilz Vieira1，Orlando Bonifacio Martins[1]，Gigliola Rhayd Boechat Salloto[2]，Deborah de Oliveira Santoro[2]，Maysa Mandetta Clementino[2]，Alexander Machado Cardoso[3]

*所有邮件请发送该地址：fhcoutinho@bioqmed.ufrj.br

1 里约热内卢联邦大学— UFRJ，巴西里约热内卢

2 奥斯瓦尔多克鲁斯基金会—FIOCRUZ，巴西里约热内卢

3 东部地区大学中心—UEZO，巴西里约热内卢

参考文献

[1] Halpern B S, Walbridge S, Selkoe K A, Kappel C V, Micheli F, et al. A Global Map of Human Impact on Marine Ecosystems. Science (2008), 2008(319), 5865-5948.

[2] Nogales B, Lanfranconi M P, Piña-villalonga J M, & Bosch R. Anthropogenic perturbations in marine microbial communities. FEMS Microbiology Reviews (2011), 2011(35), 2-275.

[3] Cardoso A M, Coutinho F H, Silveira C B, Ignacio B L, Vieira R P, et al. Metagenomics in polluted aquatic environments. In: Nuray Balkis (ed.) Water Pollution. Rijeka: InTech; Available from http://www.intechopen. com/books/ water-pollution/metagenomics-in-polluted-aquatic-environments Accessed 04 Septemer 2012), 89-104.

[4] Vieira R P, Gonzalez A M, Cardoso A M, Oliveira D N, Albano R M, et al. Relationships between bacterial diversity and environmental variables in a tropical marine environment, Rio de Janeiro. Environmental Microbiology (2008), 10(1), 189-199.

[5] World Health Organization (WHO)WHO Annual Report on Infectious Disease: Overcoming Antimicrobial Resistance; World Health Organization: Geneva, Switzerland, (2000). http://www.who.int/infectious-disease- report/2000/. Accessed 5 September 2012.

[6] Kümmerer K. Antibiotics in the aquatic environment- A review- Part I. Chemosphere (2009), 75(4), 417-434.

[7] Andersson D I, & Levin B R. The biological cost of antibiotic resistance. Current Opinion in Microbiology (1999).

[8] Wright G D. Antibiotic resistance in the environment: a link to the clinic? Current Opinion in Microbiology (2010), 13(5), 589-594.

[9] Pruden A, Pei R, Storteboom H, & Carlson K H. Antibiotic Resistance Genes as Emerging Contaminants: Studies in Northern Colorado. Environmental Science and Technology (2006), 40(23), 7745-7750.

[10] Jalal KCAAkbar John B, Kamaruzzaman BY, Kathrisean K. Antibiotic Resistant Bacteria from Coastal Environment—A Review. In: Marina Pana (ed.) Antibiotic Resistant Bacteria—A Continuous Challenge in the New Millennium. Rijeka, InTech; (2012). Available from http://www. intechopen. com/books/antibiotic-resistant-bacteria-a-continuous-challenge-in-the-new-millennium/emergence-of-antibiotic-resistant-bac-teria-from-coastal-environment-a-reviewaccessed 05 september 2012), 143-158.

[11] Martínez J L. Natural antibiotic resistance and contamination by antibiotic resistance determinants: the two ages in the evolution of resistance to antimicrobials. Frontiers in Microbiology. (2012). ar.1) doi:fmicb. 2012.00001.

[12] Wright G D. The antibiotic resistome: the nexus of chemical genetic diversity. Nature Reviews Microbiology (2007), 5(3), 175-186.

[13] Levy S B, & Marshall B. Antibacterial resistance worldwide: causes, challenges and responses. Nature Medicine (2004). Suppl): S, 122-129.

[14] Tenover F C. (2006). Mechanisms of Antimicrobial Resistance in Bacteria. The American Journal of Medicine 119 (6 Suppl 1): SS10, 3.

[15] Ahmed M. Antibiotic Resistance: An Emerging Global Headache In: Marina Pana (ed.) Antibiotic Resistant Bacteria- A Continuous Challenge in the New Millennium.Rijeka, InTech; (2012). Available from http://www.intechopen. com/books/antibiotic-resistant-bacteria-a-continuous-challenge-in-the-new-millennium/antibiotic-resist-ance-an-emerging-global-headacheaccessed 04 September 2012), 13-24.

[16] Skold O. Sulfonamide resistance: mechanisms and trends. Drug Resistance Updates (2000), 3(3), 155-160.

[17] Fischer A, Yang S, Bayer A S, Vaezzadeh A R, Herzig S, et al. Daptomycin resistance mechanisms in clinically derived Staphylococcus aureus strains assessed by a combined transcriptomics and proteomics approach. Antimicrobial Chemotherapy (2011). , 66(8), 1696-1711.

[18] Walsh C. Molecular mechanisms that confer antibacterial drug resistance. Nature (2000). , 406(6797), 775-781.

[19] Palmer K L, Daniel A, Hardy C, Silverman J, & Gilmore M S. Genetic Basis for Daptomycin Resistance in Enterococci. Antimicrobial Agents and Chemotherapy (2011), 55(7), 3345-3356.

[20] Moore R A, & Hancock R E. Involvment of outer membrane of Pseudomonas cepacia in aminoglycoside and polymyxin resistance. Antimicrobial Agents Chemotherapy (1986), 30(6), 923-926.

[21] Hancock REW Resistance Mechanisms in Pseudomonas aeruginosa and Other Nonfermentative Gram-Negative Bacteria. Clinical Infectious Diseases (1998). Suppl1) SS99, 93.

[22] Fu W, Yang F, Khang X, & Zhang X. Li Yet al. First structure of the polymyxin resistance proteins. Biochemical and Biophysical Research Communication (2011), 361(4), 1033-1037.

[23] Buschmann A H, Tomova A, López A, Maldonado M A, Henríquez L A, et al. Salmon Aquaculture and Antimicrobial Resistance in the Marine Environment. PLoS ONE (2012). doi:10.1371/journal.pone.0042724

[24] Wise R. Antimicrobial resistance: priorities for action. Journal of Antimicrobial Chemotherapy (2002). , 49(4), 585-586.

[25] Costa D, Mcgrann V M, Hughes K M, & Wright D W. GD. 2006. Sampling the Antibiotic Resistome. Science (2006), 311(5759), 374-377.

[26] Mcgowan J E. Resistance in Nonfermenting Gram-Negative Bacteria: Multidrug Resistance to the Maximum. American Journal of Infection Control (2006). Suppl 1): SS36, 29.

[27] European Centre for Disease Prevention and Control (ECDC) & European Medicines Agency (EMEA)Joint technical report: the bacterial challenge. Time to React: http:// www.ecdc.europa.eu/en/publications/ Publications/

0909_TER_The_Bacterial_Challenge_Time_to_React.pdfaccessed 04 September (2012).

[28] World Health Organization(2012). Fact sheet N°194: Antimicrobial resistance. http:// www.who.int/mediacentre/factsheets/fs194/en/index.html.Accessed 5 September 2012.

[29] Dantas G Sommer MOA, Oluwasegun RD, Church GM. Bacteria Subsisting on Antibiotics. Science (2008), 320(5872), 100-103.

[30] Allen H K, Donato J, Wang H H, Cloudhansen K A, Davies J, et al. Call of the wild: antibiotic resistance genes in natural environments. Nature Reviews Microbiology (2010), 8(4), 251-259.

[31] Bhullar K, Waglechner N, Pawlowski A, Koteva K, Banks E D, et al. Antibiotic Resistance Is Prevalent in an Isolated Cave Microbiome. PLoS ONE (2012). doi:10.1371/ journal.pone.003495.

[32] Martínez J L. Environmental pollution by antibiotics and antibiotic resistance determinants. Environmental Pollution (2009), 157(11), 2893-2902.

[33] Davies J. Are antibiotics naturally antibiotics? Journal of Industrial Microbiology and Biotechnology (2006).

[34] Linares J F, Gustafsson I, Baquero F, & Martínez J L. Antibiotics as intermicrobial signaling molecules instead of weapons. Proceedings of the National Academy of Sciences (2006), 103(51), 19484-19489.

[35] Costa D, King V M, Kalan C E, Morar L, & Sung M. WWL et al. Antibiotic resistance is ancient. Nature (2011), 477(7365), 457-461.

[36] Baquero F, Martínez J L, & Cantón R. Antibiotic and antibiotic resistance in water environments. Current Opinion in Biotechnology (2008), 19(3), 260-265.

[37] Martínez J L. Antibiotics and Antibiotic Resistance Genes in Natural Environments.Science (2008), 321(5887), 365-367.

[38] Zhang Q, Lambert G, Liao D, Kim H, Robin K, et al. Acceleration of Emergence of Bacterial Antibiotic Resistance in Connected Microenvironments. Science (2011), 333(6050), 1764-1767.

[39] Dethlefsen L, Huse S, Sogin M L, & Relman D A. The Pervasive Effects of an Antibiotic on the Human Gut Microbiota, as Revealed by Deep 16S rRNA

sequencing. PLoS Biology (2008). doi:10.1371/journal.pbio.0060280.

[40] Jernberg C, Löfmark S, Edlund C, & Jansson J K. Longterm ecological impacts of antibiotic administration on the human intestinal microbiota. ISME Journal (2007). , 1(1), 56-66.

[41] Courvalin P. Transfer of Antibiotic Resistance Genes between Gram-Positive and Gram-Negative Bacteria. Antimicrobial Agents and Chemotherapy (1994), 1994(38), 7-1447.

[42] Kruse H, & Sørum H. Transfer of multiple drug resistance plasmids between bacteria of diverse origins in natural microenvironments. Applied and Environmental Microbiology (1994), 60(11), 4015-4021.

[43] Sommer MOADantas G. Antibiotics and the resistant microbiome. Current Opinion in Microbiology (2011), 14(5), 556-563.

[44] Livermore D M, & Hawkey P M. CTX-M: changing the face of ESBLs in the UK. Journal of Antimicrobial Chemotherapy (2005), 56(3), 451-454.

[45] Colomerlluch M, Jofre J, & Muniesa M. Antibiotic Resistance Genes in the Bacteriophage DNA Fraction of Environmental Samples. PLoS ONE (2011). doi:10.1371/journal.pone.0017549.

[46] Czekalski N, Berthold T, Caucci S, Egli A, & Bürgmann H. Increased levels of multiresistant bacteria and resistance genes after wastewater treatment and their dissemination into Lake Geneva, Switzerland. Frontiers in Microbiology (2012). doi:fmicb. 2012.00106.

[47] Thevenon F, Adatte T, Wildi W, & Poté J. Antibiotic resistant bacteria/genes dissemination in lacustrine sediments highly increased following cultural eutrophication of Lake Geneva (Switzerland). Chemosphere (2012), 86(5), 468-476.

[48] Vignesh S, & Muthukumar K. Arthur James R. Antibiotic resistant pathogens versus human impacts: A study from three eco-regions of the Chennai coast, southern India. Marine Pollution Bulletin (2012), 64(4), 790-800.

[49] Tacão M, Correia A, & Henriques I. Resistance to broadspectrum antibiotics in aquatic systems: Anthropogenic activities modulate the dissemination of blaCTX-M-like genes. Applied and Environmental Microbiology (2012),

2012(78), 12-4134.

[50] Schwartz T, Kohnen W, Jansen B, & Obst U. Detection of antibiotic-resistant bacteria and their resistance genes in wastewater, surface water and drinking water biofilms. FEMS Microbiology Ecology (2003), 43(3), 325-335.

[51] Santoro D O. Romão CMCA, Clementino MM. Decreased aztreonam susceptibility among Pseudomonas aeruginosa isolates from hospital effluent treatment system and clinical samples. International Journal of Environmental Health Research (2012). doi:10.1080/09603123.2012.678000.

[52] Mcarthur J V, & Tuckfield R C. Spatial Patterns in Antibiotic Resistance among Stream Bacteria: Effects of Industrial Pollution. Applied Environmental Microbiology (2000), 6(9), 3722-3726.

[53] Martínez J L, Farjado A, Garmendia L, Hernandez A, & Linares. FEMS Microbiology Reviews 2009; 33(1): 44-65.

[54] Bakeraustin C, Wright,M S, Stepanauskas R, & Mcarthur J V. Coselection of antibiotic and metal resistance. TRENDS in Microbiology (2006), 14(4), 176-182.

[55] Salloto GRBCardoso AM, Pinto LH, Coutinho FH, Vieira RP et al. Submitted for publication on 18 June (2012). Impacts on water resources in the Rio+20 meeting place revealed by polyphasic approach.

[56] Labaer J, Qiu Q, Anumanthan A, Mar W, Zuo D, et al. The Pseudomonas aeruginosa PA01 gene collection. Genome Research (2004). b): 2190-2200.

[57] Poole K. (2011). Pseudomonas aeruginosa: resistance to the max. Frontiers in Microbiology 2(65): doi:fmicb.2011.00065.

[58] Pellegrino FLPCTeixeira LM, Carvalho MGS, Nouér SA, de Oliveira MP et al. (2002). Occurrence of a multidrug-resistant Pseudomonas aeruginosa clone in different hospitals in Rio de Janeiro, Brazil. Journal of Clinical Microbiology. 2002, 40(7), 2420-2424.

[59] Navon-venezia S, Ben-ami R, & Carmeli Y. Update on Pseudomonas aeruginosa and Acinetobacter baumannii infections in the healthcare setting. Current Opinion in Infectious Diseases (2005), 18(4), 306-313.

[60] Romão C, Miranda C A, Silva J, Clementino M M, De Filippis I, et al.

Presence of qacE Δ 1 gene and susceptibility to a hospital biocide in clinical isolates of Pseudomonas aeruginosa resistant to antibiotics. Current Microbiology (2011), 63(6), 16-21.

[61] Chitnis V, Chitis S, Vaidya K, Ravikant S, Patil S, et al. Bacterial population changes in hospital effluent treatment plant in central India. Water Research (2004), 38(2), 441-447.

[62] Prado T, Pereira W C, Silva D M, Seki L M, et al. Detection of extended-spectrum blactamase-producing Klebsiella pneumoniae in effluents and sludge of a hospital sewage treatment plant. Letters in Applied Microbiology (2008), 46(1), 136-141.

[63] Chagas T P, Seki L M, Cury J C, Oliveira J A, Dávila A M, et al. Multiresistance, betalactamase-encoding genes and bacterial diversity in hospital wastewater in Rio de Janeiro, Brazil. Journal of Applied Microbiology (2011), 111(3), 572-581.

[64] Sayah R S, Kaneene J B, Johnson Y, & Miller R. Patterns of antimicrobial resistance observed in Escherichia coli isolates obtained from domesticand wildanimal fecal samples, human septage, and surface water. Applied Environmental Microbiology (2005), 71(3), 1394-1404.

[65] Kim S, & Aga D S. Potential ecological and human health impacts of antibiotics and antibiotic-resistant bacteria from wastewater treatment plants. Journal of Toxicology and Environmental Health (2007), 10(8), 559-573.

[66] Fasih N, Zafar A, Khan E, Jabeen K, & Hasan R. Clonal dissemination of vanA positive Enterococcus species in tertiary care hospitals in Karachi, Pakistan. Journal Pakistan Medical Association (2010), 60(10), 805-809.

[67] Robledo I E, Aquino E E, & Vásquez G J. Detection of the KPC gene in Escherichia coli, Klebsiella pneumoniae, Pseudomonas aeruginosa and Acinetobacter baumannii during a PCR-based nosocomial surveillance study in Puerto Rico. Antimicrobial Agents and Chemotherapy. (2011), 55(6), 2968-2970.

[68] Carmeli Y, Troillet N, Eliopoulos G M, & Samore,M H. Emergence of antibiotic-resistant Pseudomonas aeruginosa: comparison of risks associated

with different antipseudomonal agents. Antimicrobial Agents and Chemotherapy (1999), 43(6), 1379-1382.

[69] Harris A, Torres-viera C, Venkataraman L, Degirolami P, Samore M, & Carmeli Y. Epidemiology and clinical outcomes of patients with multiresistant Pseudomonas aeruginosa. Clinical Infectious Diseases (1999), 28(5), 1128-1133.

[70] Livermore D M. Multiple mechanisms of antimicrobial resistance in Pseudomonas aeruginosa: our worst nightmare? Clinical Infectious Diseases (2002), 34(5), 634-640.

[71] Chuanchuen R, Narasaki C T, & Schweizen H. The MexJK efflux pump of Pseudomonas aeruginosa requires OprM for antibiotic efflux but not for efflux of Triclosan. Journal of Bacteriology (2002), 184(18), 5036-5044.

[72] Tuméo E, Gbaguidi-haore H, Patry I, Bertrand X, Thouverez M, et al. Are antibiotic-resistant Pseudomonas aeruginosa isolated from hospitalized patients recovered in the hospital effluents? International Journal of Hygiene and Environmental Health (2008).

[73] Gaze W H, Abdouslam N, & Hawkey P M. Wellington EMH. 2005. Incidence of class 1 integrons in a quaternary ammonium compound-polluted environment. Antimicrobial Agents and Chemotherapy (2005), 49(5), 1802-1807.

[74] Maillard J Y. Bacterial resistance to biocides in the healthcare environment: should it be of genuine concern? Journal of Hospital Infectections, (2007). S2): 60-72.

[75] Hegstad K, Langsrud S, Lunestad B T, Scheie A A, Sunde M, et al. Does the wide use of quaternary ammonium compounds enhance the selection and spread of antimicrobial resistance and thus threaten our health? Microbial Drug Resistance (2010), 16(2), 91-104.

[76] Muela A, Pocino I, Arana J, Justo J I, Iriberri J, et al. Effects of growth phase and parental cell survival in river water on plasmid transfer between Escherichia coli strains. Applied Environmental Microbiology (1994).

[77] Guardabassi L. Lo Fo Wong DMA, Dalsgaard A. The effects of tertiary

wastewater treatment on the prevalence of antimicrobial resistant bacteria. Water Research (2002), 36(8), 1955-1964.

[78] Baquero F. From pieces to patterns: evolutionary engineering in bacterial pathogens.Nat Rev Microbiol (2004), 2(6), 510-518.

[79] Bush K, Courvalin P, Dantas G, Davies J, Eisenstein B, et al. Tackling antibiotic resistance. Nature Reviews Microbiology (2011), 9(12), 894-896.

[80] Martínez J L, Baquero F, & Andersson D I. Predicting antibiotic resistance. Nature Reviews Microbiology (2007), 5(12), 958-965.

[81] Yim G, Wang H H, & Davies J. The truth about antibiotics. International Journal of Medical Microbiology (2006).

[82] Goh E, Yim G, Tsui W, Mcclure J, Surette M G, et al. (2002). Transcriptional modulation of bacterial gene expression by subinhibitory concentrations of antibiotics. PNAS, 99(26), 17025-17030.

[83] Andersson D I, & Hughes D. Antibiotic resistance and its cost: is it possible to reverse resistance? Nature Reviews Microbiology (2010), 8(4), 260-271.

第2章

在印度东南部古德洛尔市被污染的乌帕那河水中的生物重金属富集

乌莎·达莫达兰

2.1 引言

工业化和人类活动已完全或部分把我们的环境变成废弃材料的垃圾场。因此，许多水资源被污染并危害到人类和其他生命系统。排入水体的有毒物质不仅通过食物链积累，也可能限制物种的数量或造成微生物数量过多。水生生态系统受到多种压力的影响，生物多样性被显著削弱。河流污染是全球性环境问题，它们受到各种自然过程的影响，例如环境中的水循环，由于人类发展空前，导致数个水生生态系统死亡。雨水径流以及向河流中排污，是各种营养物质和其他污染物进入水生生态系统导致污染的两种最常见的方式。重金属污染，特别是非必需元素污染，可能会对水生环境中的生物包括鱼类的多样性造成令人痛心的影响。另外，重金属具有特殊的潜在毒性，因为其非常不容易分解，将在食物链中进行生物累积和生物放大，并对自然界中的活体构成毒性。

乌帕那河被认为是印度东南海岸受工业废物高度污染的河流之一。SIPCOT（泰米尔纳德邦的小型工业振兴公司，占地约 520 亩[①]，包括 52 个行业）位于乌帕那河河畔的古德洛尔。其拥有化工、石化、制药、生物杀灭剂、化肥、杀菌剂、氯碱和金属加工等行业。来自工业的有毒物质众多，而所有污染物的组合作用，可能是鱼类频繁死亡以及该区域水生生态系统消耗的原因。来自 SIPCOT 工业园区的废水未经完全处理，随意排放到沿海环境中，严重影响生物和非生物系统，最终通过食物链对人类造成有害效应。本章将对食物链中重金属的生物累积进行详细研究和讨论。

具体的研究目标包括：

（1）制药工业废水对古德洛尔境内乌帕那河地表水水质的影响及机理研究。

（2）确认河水是否适合发展渔业。

（3）评估食用从河中捕捞的鱼类对人类造成的健康风险。

2.1.1 研究区域

乌帕那河是古德洛尔（北纬 11°43′，东经 79°46′）（图 2-1）的溪流。它在古德洛尔和奇丹巴拉姆-特鲁克斯之间流动，并通过哥迪勒姆河河口连接孟加拉湾。该河流过 SIPCOT 工业园背后，该工业园包括制药、化肥、染料、化学品、矿产加工和金属行业。这些行业部分处理的和未经处理的废水通过小型渠道和管道流入这条河。与上游相比，下游污染比较严重。除了工业废物，来自古德洛尔老

① 15 亩=1hm^2。

城区的城市垃圾和生活污水也流入河水。由于部分处理或未处理的污水来自 55 个行业，所以该河被视为高度污染的河流。制药厂处理之前和处理之后的工业废水、乌帕那河中的 4 个水站、河流（渠口）、上游（未被污染- Semmankuppam）和下游（污染-Kudikadu）被选定为取样点，用于重金属（铜、镉、锰、锌和铅）的分析，并对季节变化进行了报告。镉、铅、铜、锰和锌通过食物链进行传播证实了在乌帕那河中鱼体内重金属的富集现象。

2.1.2　抽样方法和样品制备

水样使用 1 L 装聚乙烯瓶子收集，瓶子先用非离子型洗涤剂清洗，然后用自来水冲洗，之后在 10%的硝酸中浸泡 24 h，最后，在使用前用纯水漂洗。在取样过程中，将样品瓶在取样水中漂洗 3 次，然后灌装至瓶口，取水处位于 4 个指定取水点水面以下 1 m。取水之后立即测量温度和酸碱值。废水和河水水样应先进行消解，然后使用 APHA 标准方法（1992）中原子吸收分光光度计（AAS）测定重金属含量。

每条鱼的肌肉组织的干燥样品将采用微波消解系统消解，消解后将残余物用 2.5%的硝酸溶液稀释至 25 ml。使用前仪器（原子吸收分光光度计–AAS）通过购买的标准溶液进行校准。所用的水都是纯水和蒸馏水。肌肉组织和水样的金属分析（镉、铜、锰、锌、铅）采用原子吸收分光光度法（AAS）。

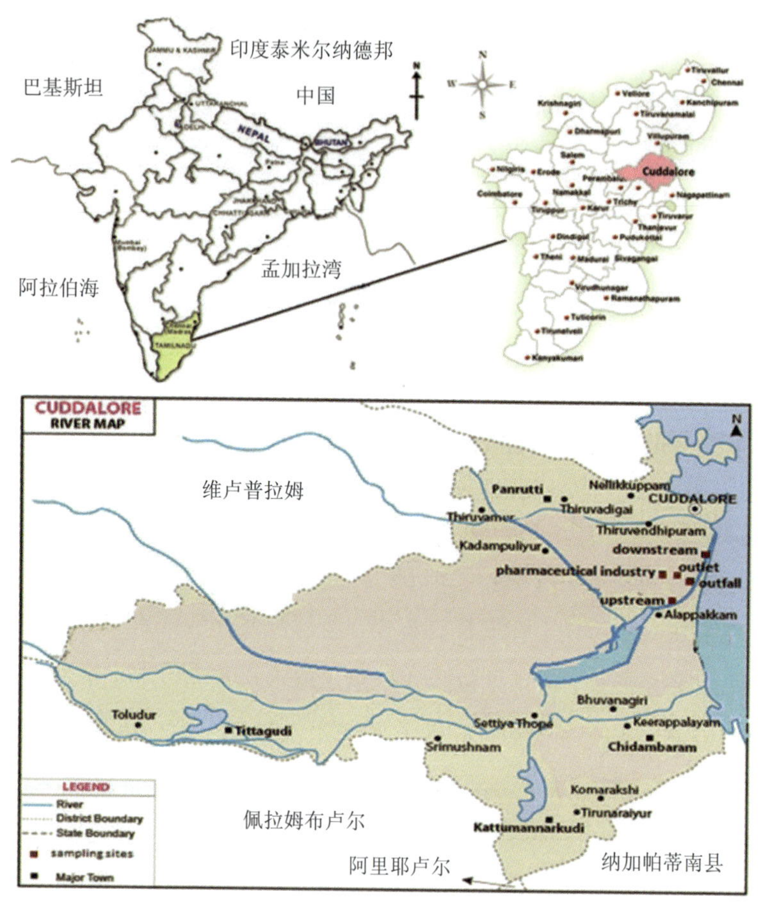

图 2-1 古德洛尔及乌帕那河取样点地图

2.1.3 结果与讨论

6 个采样点中重金属（镉、铜、铅、锌和锰）的空间变化和季节变化，如图 2-2 所示。未处理废水中的镉、铜、铅、锌和锰的平均浓度高于处理过的污水。

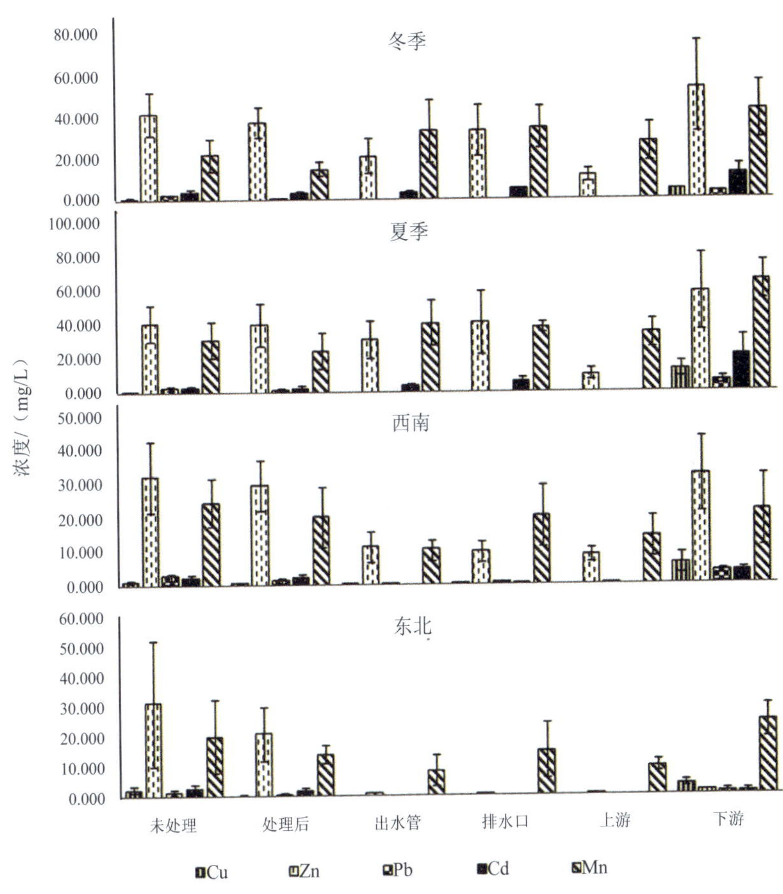

图 2-2　制药工厂废水（原始和处理）和乌帕河水中四个取样点的重金属浓度的平均值和标准偏差

2.1.4 五种重金属

2.1.4.1 镉

在未受污染的自然水域，镉浓度通常低于 1 μg/L。如果镀锌管或含镉焊料的接头、热水器、饮水机和水龙头含有杂质，饮用水也可能受到镉的污染。在瑞典土壤酸化的地区，浅井中饮用水的镉浓度接近 5 μg/L。在沙特阿拉伯饮用水样本中发现，镉的平均浓度为 1～26 μg/L，其中一些来自私人水井或冷腐蚀管道（Mustafa et al., 1988）。在供应低 pH 软水地区的镉含量更高，因为其对含镉管道的腐蚀性更强。1982 年对荷兰 256 家饮用水厂的调查显示，检测出的饮用水样品的镉（0.1～0.2 μg/L）含量不到 1%。已经证实，镉可以通过吸入或父母亲接触诱发癌变。重金属浓度在未经处理和处理后的废水中的变化，主要是由于在污水处理厂（ETP）的一级和二级处理流程中，重金属递减效率的变化。在所有季节，河水中镉平均浓度为 0.011～21.213 mg/L。因为各季节不同工业和人为因素的影响，河水中各采样点波动较大。在所有季节中，上游镉浓度要比原污水中的浓度低数倍，这显示出河水的稀释作用，也显示出该采样点没有人为影响，自然因素是该采样点的主要影响因素。

2.1.4.2 铜

铜是一种广泛分布于土壤、岩石、河流和海洋中的天然元素。铜在社会中被广泛使用，但是仍然对河流中生命具有潜在的毒性。

在所有季节，河水中各个采样点铜的平均浓度均值在 0.230～13.313 mg/L。河口的铜浓度是出水口的两倍，可能主要是因为人类活动、农业径流、公共水处理机构（POTWs）的污泥以及向河水中倾倒的市政和工业废物导致的。铜通过土壤风化以及工业和污水处理厂的污水进入水体中。下游的铜浓度比原污水高出数倍，这可能是由于生活污水和粗放养殖区的径流导致的。铜化合物可以用于电镀工业，例如硫酸铜和醋酸铜；用于肥料，例如环烷酸铜；用于涂料工业，例如氧化亚铜；用于陶瓷和玻璃工业，例如醋酸铜、氧化亚铜和氧化铜，用作燃料和釉料的制作，并最终通过处理后的工业废水排出。除此之外，铜还会通过生活活动，例如随厕所、洗涤和洗浴用水等冲洗的人体废物排出。铜天然以低浓度存在于所有的食物和水中，对人类饮食起着重要作用。但是铜的溶解形式对水生动植物毒性很大，尤其是年轻的生命阶段，例如鱼的幼虫。一旦接触到河水中特定物质，或者水质很硬，铜的毒性会大大降低。工业和公众应该认识到密切关注污水排放及水中浓度的必要性，以保证水质达标。

2.1.4.3　铅

接触铅会对健康造成各种影响，尤其是儿童。水很少作为铅接触的重要来源，除非使用铅管，这在旧楼中比较常见。虽然拆除旧的管道的成本很高，但却是减少铅接触最有效的措施。铅在河水中各个采样点的浓度较高，可能是由于河水中含铅矿物质的溶解度较低，以及稀释效果的影响。在所有季节中，下游的铅浓度比原废水高出数倍。铅的分布图显示，它不仅有一个来源；下游铅浓度较高进一步说明，SIPCOT 范围内存在各种工业废水的污染以及当地的人为因素。水源地的水中很少会发现铅，但是会通过管道材料的腐蚀进入自来水。最常见的问题是黄铜或镀铬铜水龙头和紧固件的使用，因为大量的铅会渗入水中，尤其是热水。大多数工业加工铅被用于制造电脑和电视屏幕。铅化合物四乙基铅被作为燃料中的添加剂使用。这种有机铅化合物会迅速转化为无机铅和溶于水中，有时甚至是饮用水。幸运的是，这种形式的铅的释放非常少。铅可以在腿部组织中积累。铅中毒最严重的类型会导致脑病。铅的毒性是由铅离子与游离巯基蛋白质组（如酶），发生反应造成的。这些是需要催化剂的。此外，铅可以与其他金属离子相互作用。

2.1.4.4 锌

锌可以通过岩石和土壤矿物的侵蚀自然地进入水中，然而，锌矿石仅微溶于水。研究表明，世界上不同区域对锌的平均每日摄入量在 5～22 mg。北美成年人典型的混合饮食中，锌含量在 10～15 mg/d。通常饮用水对锌的摄入量可以忽略不计，除非管道和管件腐蚀，产生高浓度的锌。在某些情况下，自来水可以提供高达 10%的每日锌摄入量（数据来自世界卫生组织）。水中锌浓度较高，一般与其他金属（例如铅和镉）的浓度有关。大多数情况下，锌是通过人工途径，如钢铁产品或燃煤发电厂副产品，或废料燃烧进入水中。某些肥料中使用的锌，可能会渗入地下水。较旧的镀锌金属管道和井框支架有含锌涂层，可能会在软水、酸性水中熔解。锌是人体生长发育必需的营养元素；但是饮水中锌浓度过高，会导致胃痉挛、恶心和呕吐。虽然通常来说，锌在自然界中含量较少。但是它可以通过很多途径，如在采矿和冶炼（金属加工）活动中排放。在本研究中，上游所有季节的锌浓度比原污水中的锌浓度低数倍，显示出上游没有受到污水的影响。下游所有季节的锌浓度为 1.130～58.046 mg/L，因为靠近源头区域，例如危险废物场地以及工业废水通过铁管传输的释放。城市径流、矿山排水和市政污水是水中锌元素比较集中的来源。

2.1.4.5　锰

在广泛分布于岩石、土壤，湖泊和海洋的底层的超过 100 种常用盐和矿物质复合物中皆含有锰元素。含有氧化锰的工业排放是大气中锰的主要来源。1984 年，印度人为排放的锰在大气中的总量估计为 1 225 t；其中 78.5%来自工业生产过程，主要涉及金属合金制作。汽油动力汽车的排放占了另外的 17.2%，大气中其余 4.3%的锰排放源于燃煤发电、固体废物焚烧和农药的喷洒。在本研究中，下游所有季节的锰浓度为 21.736～64.837 mg/L，是原污水的好几倍，这可能是由于清洗、漂白、钢铁、合金、电池、玻璃生产和烟花爆竹产业的使用，以及这些行业的不当排放。锰是在人类和动物必需的元素，既作为酶辅因子，也是金属酶的成分。人群中尚未发现锰缺乏症状，但在最近的实验研究中，人类受试者食用缺乏锰元素的饮食（0.11 mg/d），导致皮炎和低胆固醇血症的恶化，以及血清钙、磷浓度升高。代谢研究的统计分析表明，每天需要摄入约 5 mg 锰元素以保持一个积极的平衡。

本研究结果表明，所有季节的金属浓度按照锌＞锰＞铜＞镉＞铅的顺序下降。按照季节与方位划分，下降顺序依次为夏季＞冬季，西南＞东北。大部分溶解的重金属在夏季比其他季节的浓度高。结果的方差分析表明，各采样站以及各个季节之间金属浓度明显不同。10—12 月东北季风气候期间流量最高。通过对上述 5 种金属的研究发现，从上游站点到下游站点有逐渐增加的趋势。

2.2 生物浓缩系数

对镉、铅、铜、锰、锌通过河流食物链的转移研究证明，在鱼类体内存在生物蓄积性。河水中鱼类肌肉组织中重金属的生物浓缩系数在表 2-1 中列出。铜的生物浓缩系数范围是 0.001～0.009，铅的范围为 0.061～0.100，镉的范围是 0.003～0.004，锌的范围是 0.031～0.083，锰的范围是 0.408～0.922。铜的生物浓缩系数值在尖吻鲈中最高（0.009），在海鲶中较低（0.001），而铅的生物浓缩系数值在鲻鱼中最高（0.100），在尖吻鲈中最低（0.061）。镉的生物浓缩系数值在罗非鱼（0.004）和鲻鱼（0.004）中最高，在海鲶和尖吻鲈中较低（0.003）。锌的生物浓缩系数值在海鲶中最高（0.083），在尖吻鲈中较低（0.031）。锰的生物浓缩系数值在罗非鱼中最高（0.922），在尖吻鲈中较低（0.408）。在 4 种鱼中，重金属生物浓缩系数的排列顺序为锰＞铅＞锌＞铜＞镉。

表 2-1　河水中鱼类肌肉组织中重金属的生物浓缩系数

生物浓缩系数（BCF）	尖吻鲈	鲻鱼	海鲶	罗非鱼
Cu	0.009	0.002	0.001	0.002
Pb	0.061	0.100	0.063	0.074
Cd	0.003	0.004	0.003	0.004
Zn	0.031	0.041	0.083	0.073
Mn	0.408	0.798	0.707	0.922

注：BCF 为鱼类肌肉组织中重金属的浓度（干重基）/河水中重金属的浓度。

由于部分处理的工业废水和生活污水进入乌帕那河，根据记录，下游重金属浓度以及上游处锌和锰以外的重金属浓度普遍很高，与世界卫生组织的限值（Pb 0.05 mg/L，Cd 0.005 mg/L，Zn 5.0 mg/L，Mn 0.1 mg/L）相比，已经超过了饮用水的最大允许上限。这种情况的出现，一方面是由于工业活动迅速扩张，另一方面，是由于城市化和人口增长对自然资源的开发，以及现代农业做法的推广和缺乏环保法规。该调查结果表明，水中的重金属浓度和鱼类肌肉组织之间存在明显的相关性，显示出鱼类从乌帕那河的河水中累积了这些元素。此外，目前的结果表明，肌肉组织中金属浓度均低于任何国家以及世界卫生组织建议的鱼类允许浓度和消费安全性。按照世界卫生组织的规定，鱼类允许的最高浓度为 Zn 100 μg/g、Cu 30 μg/g、Mn 1.0 μg/g、和 Pb 2.0 μg/g，而允许的 Cd 的浓度是 0.05～0.1 μg/g，当前结果中没有任何金属超过上述规定；因而对公众健康的影响较小。目前的研究表明，这些物种的食用是安全的。然而，很明显，重金属在鱼类组织中生物累积和条件越来越糟。所以，有必要定期监测鱼类重金属水平。

2.3 印度河流中的重金属浓度

通过对比河水中溶解的金属浓度，乌帕那河的镉、铜和铅的浓度比其他印度河流，例如阿昌克维河、恒河、婆罗门河和默哈纳迪河（表 2-2）高出数倍。对比结果表明，乌帕那河受到工业废水严重污染，这是有毒重金属（如镉、铜和铅）的重要点源。相比默哈纳迪河、恒河和婆罗门河，乌帕那河中锌和锰的浓度较高，而阿昌克维河的相应数据比它更高。本研究表明，河水中发现的污染物与制药工业废水中出现的频率和浓度类似。因此，制药工业 ETPs 显然是地表水有机污染物的显著来源。

表 2-2 与印度其他河流关于金属溶解浓度的对比

单位：μg/L

河流	镉	铜	铅	锌	锰	参考文献
默哈纳迪河	—	5.9	2.68	11.0	96.9	Kanhauser et al.，1997
阿昌克维河	6.0	224	72	415	699	Prasad et al.，2006
恒河	5	10	120	60	260	Aktar et al.，2010
戴蒙德哈河	300	3 950	—	—	—	Chatterjee et al.，2010
婆罗门河	4.0	4.7	27	80.1	102	Reza et al.，2010
乌帕那河	36.08	191.5	98.5	201.38	273.93	本研究

2.4 结论

重金属是不会在生物体内降解的，这些超出推荐值的金属浓度，可能会对人类以及使用河水的社区带来长期的健康问题，特别是作为生活用水。这项研究的结果表明，排入河道的重金属的平均水平已经超过了印度标准局设定的饮用水的最大允许极限值。由此得出的结论是河流中所有污染物浓度增加。还可以注意到，与其他季节相比，河流中夏季的污染物相对较高。当河水质量与印度标准局推荐的供水限值对比时，河水中某些重金属高于极限值，即被污染了。近年来，土地使用的变化也成为乌帕那河水质恶化的重要原因。考虑到这一事实，该地区工业高度集中，河流最终流入大海，这条河流系统的水质和污染状况值得极大关注。因此，在研究过程中，从连续 4 个季节得到的水样证实，该河流已经被铜、铅、锰、锌和镉严重污染。结果证实，微量元素源自各种污染源。然而，主要的人为因素是工业废弃物、城市垃圾和农业径流等。鱼类可食用部分中发现的重金属浓度在世界卫生组织允许食用的限度之内。因此，重金属污染似乎没有直接威胁到河流的渔业。但是结果表明，河流的重金属污染影响了水生生物，包括鱼，所以有必要采取科学的方法对河水排毒，以改善鱼类健康，反过来，也是改善食用这些鱼类的人类的健康。尽管过去十年来，随着古德洛尔老城区的城市化扩张，工业化也随之发展，但是排入河流中的未处理的工业废水对乌帕那河的污染起到了显著作用。

作者详细信息

Usha Damodharan

所有电子邮件请发往以下地址：ushadamodhar@gmail.com

印度本地治理大学，生态与环境科学系

参考文献

[1] Bakare AA, Lateef A, Amuda OS, Afolabi RO. The Aquatic toxicity and characterization of chemical and microbiological constituents of water samples from Oba River, Odo-oba, Nigeria. Asian Journal of Microbiology, Biotechnology and Environmental Sciences 2003; 5, 11-17.

[2] Odiete WO. Environmental physiology of animals and pollution 1999; 261. Lagos: Diversified Resources Ltd.

[3] Okafor N. Aquatic and waste Microbiology 1985; 1st edn. pp. 1–14. Enugu: Fourth Dimension Publishing Company Ltd.

[4] Sudhira HS, Kumar VS. Monitoring of lake water quality in Mysore City. In: International Symposium on Restoration of Lakes and Wetlands: Proceedings of Lake 2000.

[5] Adeyemo OK. Consequences of pollution and degradation of Nigerian aquatic environment on fisheries resources 2003; The Environmentalist, 23(4), 297-306.

[6] APHA. 1992. American Public Health Association. Standard methods for the examination of water and wastewater. 18th Ed. Washington, D.C.

[7] Hutchinson T H. Reproductive and developmental effects of endocrine disruptors in invertebrates: in vitro and in vivo approaches. Toxicology Letters 2002; 131: 75-81.

[8] Romo-Kroger C M, Kiley JR, Dinator MI, Llona F. Heavy metals in the atmosphere coming from a copper smelter in Chile, Atmospheric Environment 1994; 28, 705-711.

[9] Wu YF, Liu CQ, Tu CL. Atmospheric deposition of metals in TSP of guiyang, PR China. Bulletin of Environmental Contamination and Toxicology 2008; 80 (5), 465-468.

[10] Venugopal T, Giridharan L, Jayaprakash M. Characterization and risk assessment studies of bed sediments of River Adyar-An application of

speciation study. International Journal of Environmental Research 2009a; 3 (4), 581-598.

[11] Venugopal T, Giridharan L, Jayaprakash M, Velmurugan PM. A comprehensive geochemical evaluation of the water quality of River Adyar, India. Bulletin of Environmental Contamination and Toxicology 2009b; 82 (2), 211-217.

[12] IPCS Principles and methods for the assessment of risk from essential trace elements 2002. Geneva, World Health Organization, International Programme on Chemical Safety (Environmental Health Criteria 228).

[13] Agency for Toxic substances and Diseases Registry (2000). Toxic Profile for Chromium. Geneva, World Health Organization, International Programme on Chemical Safety (Environmental Health Criteria 228).

[14] Joint FAO/WHO Expert Committee on Food Additives. Evaluation of certain food additives and contaminants. Cambridge, Cambridge University Press, 1982 (WHO Food Additives Series, No. 17).

[15] Konhauser KO, Powell MA, Fyfe WS, Longstaffe F J, Tripathy S. Trace element chemistry of major rivers in Orissa State, India. Environmental Geology 1997; 29 (1- 2), 132-141.

[16] Aktar G, Williams C, David D. The accumulation in soil of cadmium residues from phosphate fertilizers and their effect on the cadmium content of plants. Soil Science 2010; 121, 86–93.

[17] Chatterjee SK, Bhattacharjee I, Chandra G. Water quality assessment near an industrial site of Damodar River, India. Environmental monitoring and Assessment 2010; 161 (1-4), 177-189.

[18] Prasad AL, Iverson A, Liaw. Newer Classification and Regression Tree Techniques: Bagging and Random Forests for Ecological Prediction. Ecosystems 2006; 9:181-199.

[19] Reza R, Singh G, Heavy metal contamination and its indexing approach for river water. International Journal of Environment Science and Technology 2010; Vol. 7, No. 4, 2010, pp. 785-792.

第3章

卫星测量对沿海水质建模和监测的贡献

霍马·弗萨 等

3.1 引言

发展中国家人口的快速增长，导致主要城市地区迅速扩张。日常生活及工业生产活动中产生的固废和废液正流向潜在的水源，如海洋、湖泊及其他自然区域。为了保护自然环境，并控制废物所造成的污染，有必要对排污区域进行连续的调查。而有相当精确度的卫星图像数据可以被用于评估各类影响水质的因素。对相关区域实现必要的连续监测及污染全分析是非常有必要的（Houma F et al., 2004）。从本质上讲水体中的废弃物对水的化学和物理特性的影响和改变，其结果可以通过卫星图像上光的反射属性检测到。反过来，这些变化又引起水体表面的改变。所以，评估水体化学和物理特性变化与水的光谱特性变化的相关关系，或者更精确地说与反射功率的关系是可行的。

我们选取的水样采集地点有奥兰湾、阿尔及尔湾、港口、海洋，以及城市污水和工业废物的排放口。对温度（T）、酸度（pH）、浊度（TU）、悬浮物（SM）、溶解氧（DO）、导电率（C）、化学需氧量（COD）和五日生化需氧量（BOD_5）以及 SPOT 卫星对水的反射率进行了测定。在上述研究区域，利用 SPOT 卫星在 3 个波段[XSI（0.5～0.59 μm）、XS2（0.6～0.69 μm）和 XS3（0.7～0.79 μm）]上得到的图像计算水的反射系数。

本章研究的目的旨在找到反射系数和每项化学及物理指标之间的回归曲线（公式）和相关性。其中，反射系数是通过卫星图像计算得到的。

考虑到碳氢化合物对其他环境造成的有害影响，其对海洋造成的污染也令人担忧。由于阿尔及尔地区不但是重要的海上交通枢纽（起点），而且还有特殊的污染工业园区，从技术风险上讲，其排放的碳氢化合物是最具威胁的污染物质。

因为卫星上可视区域的宽度和辐射范围（从可视到红外到雷达图像）都很广，所以卫星图像可以作为研究人员确定这些污染物的常用工具。在这项工作中，我们很感兴趣通过对所需的各种卫星信息进行综合，从而确认碳氢化合物对海水造成的污染特征。通常，所采用的光学图像都是通过陆地卫星 MSS、TM 和 SPOT 收集到的。这样，利用空间技术对阿尔及利亚海岸进行监测并判断由碳氢化合物对该区域造成的污染，将是一个非常有效的手段。

碳氢化合物的量与卫星图像计算得出的反射率的相关性，可以让我们将粗略的图像转化成处理后的图像，并通过卫星图像处理软件 PCSATWIN 进行整合。这些图像能划定碳氢化合物的污染区域并确定其污染特征。

事实上，我们的目标是开发一种基于卫星定位数据对多环芳烃和总烃的污染演变监测的方法。分析表明，每个传感器可以提供有用的信息，而不同信息的结合就是一个构建水生环境污染地图的过程（Spitzer and Dirks，1985；Baban，1993；Houma et al.，2010）。

3.2 地面分析和水样采集

对水质的了解是沿海综合管理的重要组成部分。通过加强直接监督与卫星传感器计算出的大海的反射率相结合，可以确定沿海水域的状态。

叶绿素和浮游植物对海水颜色和水质有影响，所以我们提出一个模拟它们的新方法。卫星图像的使用可以为模拟提供一些参数，这些参数能说明在水体表面和深水处是否存在水体污染和光合生物。因此，本研究有两个目的：

（1）获得海水光谱响应与由地面测量得出的污染参数之间的模型。

（2）进行模型反演，得到沿海地区水域的表面和深处的时空变化参数。

从提供营养物质的角度讲，沿海地带的水体是海洋最重要的组成部分，同样也是最容易受到各类污染的地方。事实上，阿尔及尔沿岸正在被各种类型的污染所影响。我们注意到，该水体除了作为该区域重要的海上交通枢纽外，同时承载着沿海地区密集的城市排放的污染物、工厂排放的工业废水，这些有毒和腐蚀物质严重污染着环境。

遥感技术有其独特的优越性，可以替代耗时长的、价格昂贵的以及繁琐的传统水质监测方法。图像的采集促进了科学家将遥感数据用于海洋科学的各个方面。而这一技术的使用是基于一个简单且有效的概念，即将卫星数据与现场测量相关联（Houma F et al.，2010）。

阿尔及尔湾位于阿尔及利亚海岸的中部（图 3-1），它近似半圆的形状包围着大约 180 km^2 的水面。它东起布尔吉埃尔-巴赫里（普马蒂否岬角），西抵赖斯哈米（派斯卡得岬角）。这个地区高度城市化，大部分位于瓦迪斯马尔、哈拉齐、阿尔及尔港口、Rouiba 和 Réghaia 的工业区。具体位置位于非洲北部地中海沿岸，纬度为北纬 36°49′35″—36°49′50″；经度为东经 03°14′50″—03°00′40″。该区域存在各种污染源以及来自城市、工业和石油行业的多种类型的废物。

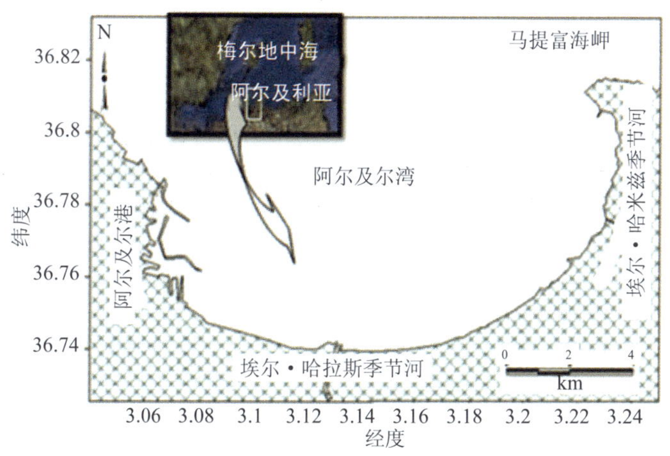

图 3-1　阿尔及尔湾的位置

我们对碳氢化合物在阿尔及尔湾沿海地区的污染程度的分析研究是在实验室中进行的，其中对多环芳烃的检测使用紫外荧光法，对总烃的检测使用红外荧光法。本研究区域的选择也并非偶然。事实上，通过对阿尔及尔湾的研究可以清楚地表明，所有沿海都遭到碳氢化合物的污染（图 3-2）。

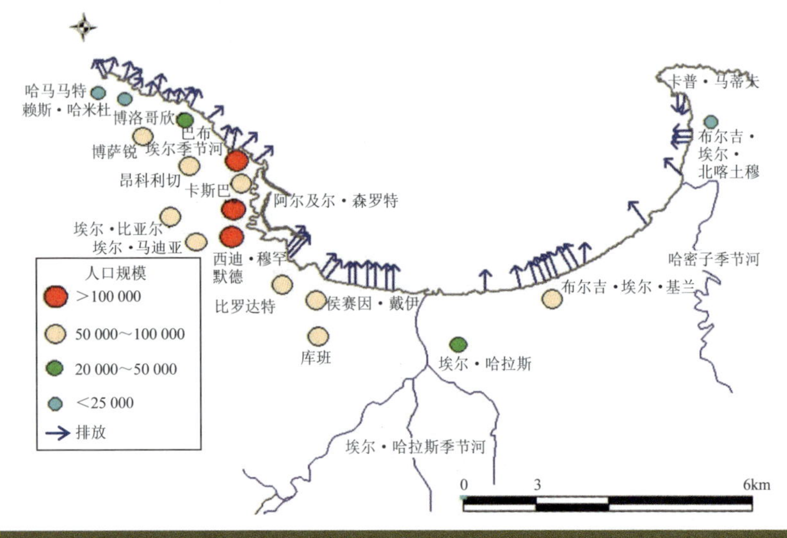

图 3-2 阿尔及尔湾主要的污水排放

自从有人居住以来，已经有学者根据海水浊度来研究沿海水质，特别是根据双子座卫星获得的图片与实地测量数据的相关性来研究沿海水质。从 1970 年开始，一些科学家观察到传感器获得的信号与悬浮物含量之间存在正相关性。例如，Spitzer et Baban 开展了关于海水表面浊度与通过反射率预测的悬浮物浓度的相关性研究。这项工作依赖图像数据与现场测量的浓度数据之间的密切相关关系，开展陆地资源卫星 TM 第一通道的数值与悬浮物浓度之间的显著相关性研究。

图 3-3　阿尔及尔湾油污、工业及城市污水的排放情况

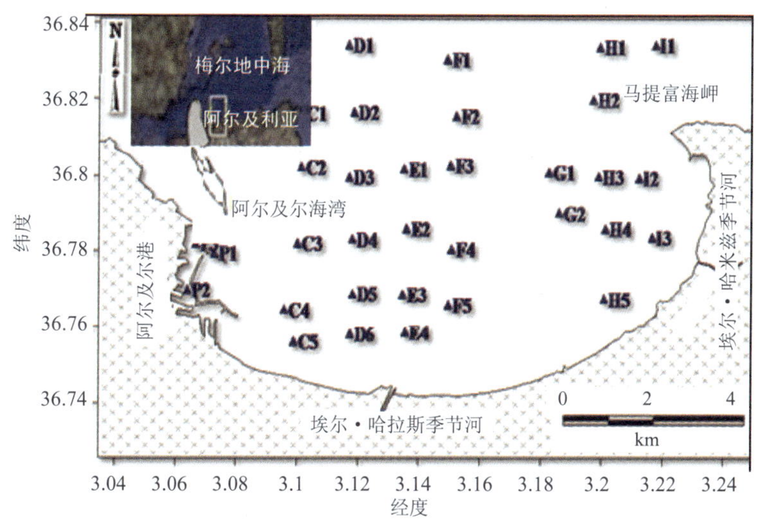

图 3-4　在 2009 年海洋巡航期间取样站的位置

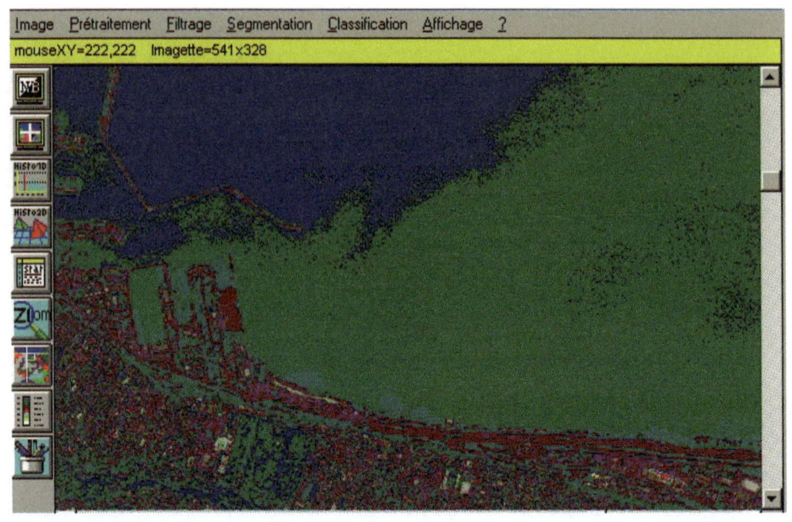

图 3-5 卫星 SPOT 获取的阿尔及尔湾的粗略图像

光谱波段专用制图仪被广泛地用来确定水的光谱特性与有机物质的色彩、盐度和海绿素浓度之间的相互关系。我们以各种先进的方法和 SPOT 卫星及陆地资源卫星的特性为基础，重点尝试使用远程探测去找出光学参数与水中碳氢化合物浓度之间的关系。另外，为了实现将粗略图像转化成反射率图像，开发出了太阳光谱与地面—大气—传感器系统之间相互作用的模型。模型通过分析卫星的每个频谱带的相关关系，从而确定最佳的相关系数，然后应用最佳系数将粗略图像转化成污染指示图像。研究结果表明，从 SPOT 和陆地资源卫星数据得出的反射率与多环芳烃和总烃是相关的。

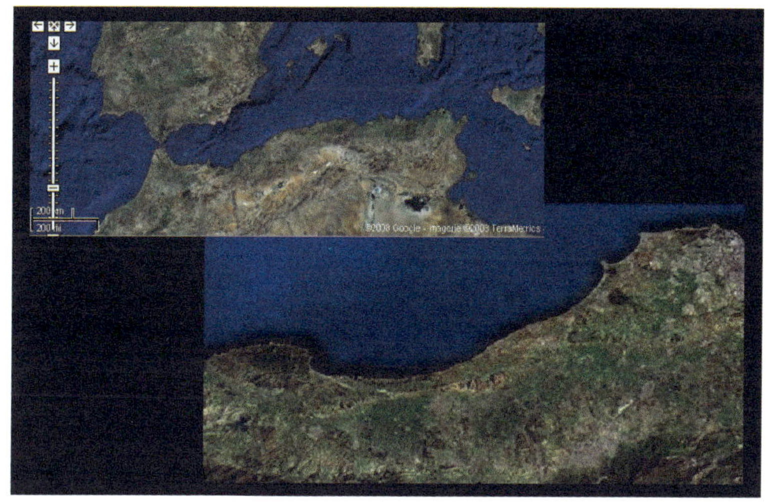

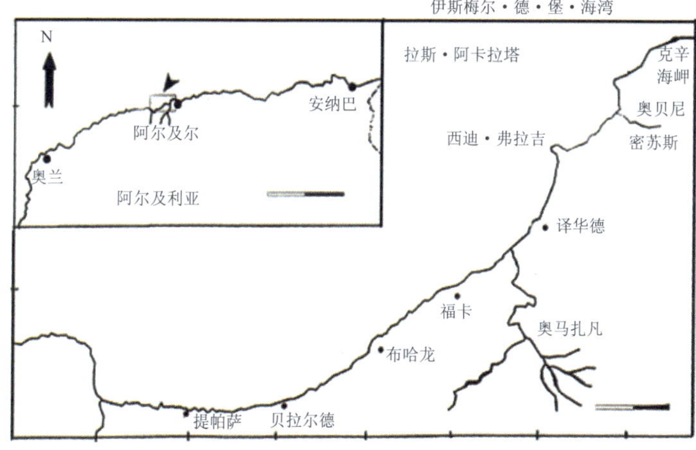

图 3-6　波斯梅尔湾的地理位置

图 3-7　波斯梅尔湾的主要污水排放

3.3　通过 SPOT 图像测定水的反射率

3.3.1　基本公式

抵达卫星的辐射是由地面反射的全部光谱辐射组成的，这些光谱一部分穿过了大气层，用 $R_{\text{ground-atm}}$ 表示，另一部分被大气层散射到卫星，用 $R_{\text{atm-sat}}$ 表示。因此抵达传感器的辐射可用如下公式表示：

$$R_{\text{sensor}} = R_{\text{ground-atm}} + R_{\text{atm-sat}} \tag{3-1a}$$

$$R_{\text{sensor}}(\lambda) = R_{\text{atm-sat}}(\lambda) + G_\lambda(\theta_S)T_\lambda(\theta_V)\rho_1 \tag{3-1b}$$

$$R_{\text{ground-atm}} = G_\lambda(\theta_S)T_\lambda(\theta_V)\rho_{\lambda}、/(\rho_\lambda\omega) \tag{3-2a}$$

$$R_{\text{sat1}} = E_{\text{atmo1}} + G_{\lambda}(\theta_S)T_{\lambda}(\theta_V)\rho_{\lambda} \qquad (3\text{-}2\text{b})$$

式中：E_{atmo1}——地面没有反射时大气的辐射（ρ_{λ}=0）；

G_{λ}——全部辐射，包括直接辐射和散射辐射；

$T_{\lambda}(\theta_V)$——辐射传输到上部大气层的函数；

ρ_{λ}——地面的半球反射率；

θ_S——太阳角度；

θ_V——获取图像时传感器的角度。

反射率很小，式（3-1a）可以大致表示为式（3-2b）。SPOT 卫星通过 3 个光谱通道观测地球：XS1（0.5～0.59 μm）、XS2（0.6～0.69 μm）和 XS3（0.7～0.79 μm），它们的空间分辨率为 20 m；另外配有全色通道（0.6～0.81 μm），其空间分辨率为 10 m。在 SPOT 卫星的这些光谱窗口中，太阳-地面和地面-捕捉器这两个方向上的辐射强度会受臭氧吸收、分子和浮尘散射等因素影响（Bachari N et al.，1997）。

在本研究的第一部分，我们模拟了卫星对干净海水（远离污染的海水）的测量结果。

$$B_{\text{simulated}} = \frac{\int_{\Delta\lambda} R_{\text{sat}\lambda} S_{\lambda} \mathrm{d}\lambda}{\int_{\Delta\lambda} E_{0\lambda}(1+f)\cos\theta \cdot S_{\lambda} \mathrm{d}\lambda} \qquad (3\text{-}3\text{a})$$

$$B_{\text{simulated}} = C_J B_{\text{image}} \qquad (3\text{-}3\text{b})$$

式中：$E_{0\lambda}$——大气外层太阳平均辐照度，W/（cm^2/μm）；

$(1+f)$——地球与太阳的距离（天文单位），具体某一天的“f”

近似 Gurney 和 Hall（1983）给出的关系系数：

$$f = 0.0167\sin[2\pi(j-93.5)]/365$$

式中，j——一年的天数；

S_λ——记录的灵敏度；

$\Delta\lambda$——记录的波段。

在本研究的第二部分，我们采用图像处理技术（N.Bachari et al., 1994）来确认卫星对深层海水评估的实际值（B_{real}），使用模拟值（$B_{\text{simulated}}$）和实际值来计算每个通道的校准因子 C_j：

$$C_j = (B_{\text{simulated}} / B_{\text{real}})_i \tag{3-4}$$

我们获取图像，并通过线性关系将数据换成辐射值：

$$E = \pi C_j B \tag{3-5}$$

对于每个通道 j，使用反向模型计算以下关系式中每个像素的反射率 Ref_j：

$$\text{Ref}_j = \frac{\pi C_j B - \int_{\Delta\lambda} R_{\text{atmo}} S_\lambda \mathrm{d}\lambda}{\int G_\lambda T_\lambda(\theta_V) S_\lambda \mathrm{d}\lambda} \tag{3-6a}$$

$$E = \pi L = A + K < \rho > \tag{3-6b}$$

$$\pi L = R_{\text{atm-sat}} + R_{\text{sol-atm}} \tag{3-6c}$$

$$\pi L = A + K < \rho > \tag{3-6d}$$

一般情况下模拟的亮度用下式表达：

$$B_{\text{simulated}} = \frac{\int_{\lambda 1}^{\lambda 2} R_{\text{sensor}(\lambda)} S(\lambda) \mathrm{d}\lambda}{\int_{\lambda 1}^{\lambda 2} S(\lambda) \mathrm{d}\lambda} \tag{3-7}$$

式中，$S(\lambda)$——光谱波段。

如果一个给定图像的实际亮度为 B_{image}，我们必须获得近似值的一级关系，例如在公式（3-6b）中：

$$A = \frac{\int_{\lambda 1}^{\lambda 2} R_{\text{capteur}} S_{\lambda} \mathrm{d}\lambda}{\int_{\lambda 1}^{\lambda 2} S_{\lambda} \mathrm{d}\lambda}, \quad K = \frac{\int_{\lambda 1}^{\lambda 2} G_{\lambda} T_{\lambda} S(\lambda) \mathrm{d}\lambda}{\int_{\lambda 1}^{\lambda 2} S(\lambda) \mathrm{d}\lambda}$$

$$B_{\text{image}} = \frac{\int_{\lambda 1}^{\lambda 2} R_{\text{sensor}(\lambda)} S(\lambda) \mathrm{d}\lambda}{\int_{\lambda 1}^{\lambda 2} E_0(\lambda)(1+f)\cos\theta \cdot S(\lambda) \mathrm{d}\lambda} \tag{3-8}$$

式中，C_j ——传感器的校准系数；

$E_0(\lambda)(1+f)$——太阳大气层外的平均辐射，W/（cm^2/μm）；

（1+f）——地球和太阳的距离（天文单位），f——Gurney 和 Hall（1983）给出的关系系数：

$$f = 0.016\,7 \sin[2\pi(j - 93.5)]/365$$

式中，j——一年的天数。

3.3.2　粗略卫星数据转换成反射率

根据 SPOT 卫星用户手册中给出的方法，设定了地面和大气反射率的数值校准曲线。数值通过线性变换转换成亮度：

$$L = \mathrm{CN}/G \tag{3-9}$$

式中：L——亮度，W/（m^2 • S_r）；

CN——数值账户；

G——传感器绝对校准获得的值。

对于图像中的应用，有必要将亮度值转换成数值账户，然后转换成反射率值，从而用一张图片就能代表相当大区域的海洋。而对于给定的通道和传感器类型，亮度值是已知的。

反射率值的转换分两步进行：

（1）亮度值 L_λ 转换数值账户 CN。

（2）针对每个像素转换成反射率 Ref。

像素 CN 的数值账户与每一层面传感器的亮度之间是线性关系。我们可以用以下形式表示这种关系：

$$L_\lambda = a \cdot \mathrm{CN} + a_0 \tag{3-10}$$

式中：a 和 a_0——校准系数。

因为水的反射率很小，那么式（3-1a）可以大致线性化为式（3-1b）。卫星传感器测出的太阳辐射受到以下两个因素影响：大气成分对向上及向下路径的吸收和散射；地面的反射。

通过解析函数，计算该函数的近似数，我们可以得出以下关系：

$$\mathrm{CN}_{XS1} = 1.23 \cdot L_{XS1} - 0.22$$

对于同样的模拟条件，通过海水的光谱特征可以计算每一通道的数据常数。对于卫星 HRV SPOT，该结果如表 3-1 所示。

表 3-1　HRV SPOT 卫星的校准系数

通道	a	a_0
XS1	1.23	0.22
XS2	1.24	−0.08
XS3	1.32	−0.59

综合计算地面水平频谱亮度和反射率的公式，我们还发现数值账户与反射率 Ref 之间的线性关系，用以下形式表示：

$$\text{Ref} = b \cdot \text{CN} + b_0 \tag{3-11}$$

表 3-2　针对 SDDS 输入的参数

通道参数			
	L/（W/m^2）	CN	Ref
通道 XS1	53.935	66.560	0.321 5
通道 XS2	17.734	21.910	0.260 6
通道 XS3	6.059 1	7.408	0.210 1

自然条件			
大气条件		天文条件	
臭氧/（mg/L）	0.30	日期	344
相对湿度/%	80	时间	11.26.00
温度/K	T+273	纬度	36°38'58.67"N
可见度/km	20	经度	2°24'2.45"E
海拔臭氧	200	β_0	0
Alpha（α）	1.5	θ_v	10°
F_c	0.9	φ	45°
ω_0	0.9	ψ	60°

注：①与第二通道相比，第一通道中水的反射率很强，在第三通道中也很明显。
②与未加载沉积物的水域相比，加载水域以及污染水域的反射率更强。

在这种情况下，反射率包含着光学性能以及观测到的地面场景中的所有信息。参数 b 和 b_0 取决于大气和天文条件。我们提出确定反射率与 SPOT 卫星的通道 XS1、XS2 和 XS3 的数值账户之间校准的线性关系的图形。

应用：

表 3-3　SPOT HRV3 个通道上的亮度 L

单位：W/m^2

Teta V		10			20		
Stations	Prof	SPOT 1	SPOT 2	SPOT 3	SPOT 1	SPOT 2	SPOT 3
1	1	49.463	23.237	5.260 7	49.401	23.536	5.305 3
2	1.5	48.476	21.265	5.076 6	48.435	21.544	5.099 3
3	1.5	48.451	21.692	5.233 1	48.412	21.975	5.258 3
4	1.5	48.451	21.692	5.233 1	48.412	21.975	5.258 3
5	1.5	48.996	21.938	5.294 3	48.957	22.224	5.319 8
6	2	47.567	19.736	4.999 1	47.545	19.990	5.010 4
7	2	47.567	19.737	5.006 1	47.545	19.991	5.017 4
8	2	35.627	15.095	3.851 6	35.612	15.289	3.861 2
9	4	44.602	16.728	5.085 2	44.668	16.884	5.086 0
10	4.5	43.973	16.279	5.088 8	44.020	16.414	5.089 2
11	4.5	43.965	17.271	5.082 9	44.012	16.406	5.083 2
12	4.5	43.985	16.291	5.097 1	44.032	16.427	5.097 4
13	5	32.129	10.226	2.349 3	32.093	10.306	2.349 5
14	5	32.303	10.156	2.329 2	32.266	10.235	2.329 3
15	5	32.129	10.226	2.349 3	32.093	10.306	2.349 5
16	5	32.481	11.916	3.803 2	32.524	12.002	3.803 4
17	5.5	31.71	10.014	2.349 1	31.684	10.083	2.349 2
18	6	31.313	9.8473	2.349 0	31.295	9.9059	2.349 1
19	8	29.908	9.4613	2.349 0	29.917	9.4914	2.349 0
20	8.5	29.912	11.107	3.807 1	29.992	11.134	3.807 1

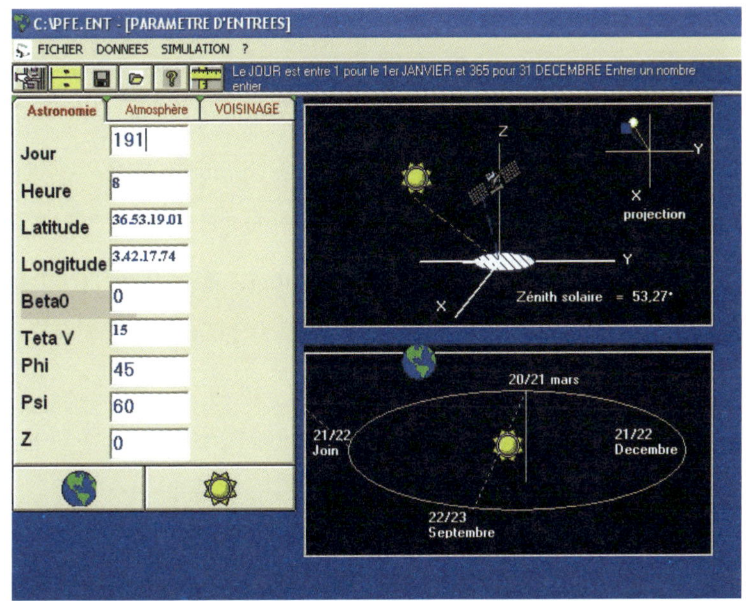

图 3-8　通过 SDDS 软件计算的大气和天文数据

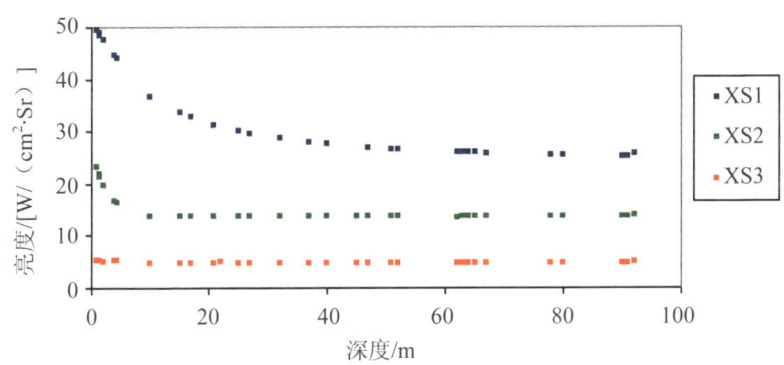

资料来源：Houma et al.，2010。

图 3-9　各通道水柱的反射率（SPOTXS）

3.4 通过 SPOT 卫星图像确定水的反射率

卫星传感器测量的太阳辐射率受以下两个因素影响：大气成分对向上及向下路径的吸收和散射；地面的反射。SPOT 卫星通过 3 个光谱通道观测地球：XS1（0.5～0.59 μm）、XS2（0.6～0.69 μm）、XS3（0.7～0.79 μm），它们的空间分辨率为 20 m；另外配有空间分辨率为 10 m 的全色通道（0.6～0.81 μm）。在 SPOT 卫星的这些光谱窗口中，太阳-地面和地面-捕捉器这两个方向上的辐射强度会受臭氧吸收、分子和浮尘散射等因素影响（Bachari，N et al.，1997；Bachari，N et al.，1996）。

在本研究的第一部分，我们模拟了捕捉器对干净海水（远离污染的海水）的测量值。浊度和悬浮物会影响光线的穿透力，从而抑制藻类和巨噬细胞的初级生产量。反过来，藻类和巨噬细胞的减少又影响溶解氧的浓度。有机物连同矿物质化学氧化所需的氧气，被表示为 COD（化学需氧量），这个参数值越高表示有机污染越严重。BOD_5 是用来估算被污染的水中生物体氧化有机和无机物时所需的氧气。COD/BOD_5 表示被污染水体的可生化性。我们可以通过使用卫星图像对沿海海水水质的自净能力进行有效监测。水生环境腐殖程度是 BOD_5 的生物学表达方式。许多学者（Zelinka and Marvan，1957；Rothshein，1977；Sladecek，1973）指出被污染区域与 BOD_5 的相关性。特别是在水生环境腐殖界限范围之内，Sladecek 和 Tucek（1975）修订了这一关系，并通过不同的污染指数显示生物的丰富度。根据他们报告，其图解有效率达到 90%～95%。根据 Sladecek（1969，1973）所述，BOD_5 的值 50～500 mg/L 代表污染指数在 3.5～6.5，显示出“聚合污染”（本研究工作的海水）、“独立污染”（港口、区域 3 和 Plac1）和“动态污染”（出口 1、出口 2 和 Plac2）的污染度。根据 Graham 的分类（1965），我们的研究区域属严重污染（海水、港口、区域 3 和 Plac1）和超严重污染（出口 1、出口 2 和 Plac2）。在这种污染指数下，水体的自我洁净和降解都是在厌氧环境中进行。

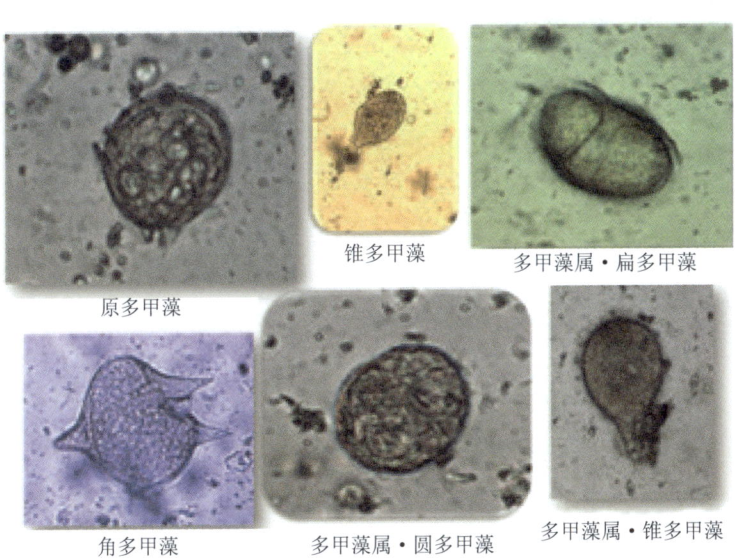

图 3-10　使用倒置显微镜（Gx40）确认的浮游植物的种属（*Protoperidinium* et *Ceratium*）

决定水面的光线性能，并影响其反射率的物质可以分为 3 类：①活体浮游植物以及随之而来的碎屑；②悬浮颗粒；③溶解的有机物。浮游植物以及随之而来的碎屑具有大致相同的颜色。在绝大多数大洋水域以及陆源供应很少的沿海水域，主要受浮游植物的影响。在自然条件下，因为只进行了全局范围的估测，所以很难区分浮游植物和生物碎屑的吸收系数。浮游植物的细胞和颗粒与生物碎屑相当，它们都不十分依赖于波长，能引起光的三重扩散。因此，正如我们预料到的，水的颜色随着浮游植物浓度的增加而逐渐变绿，进而说明该水域受到污染。

浊度与悬浮物质之间的高度相关性（$r = 0.65$）已被证实。浊度和悬浮物可以影响光线的穿透力，从而抑制藻类和巨噬细胞的初级生产量（Ferrari，1992）。反过来，藻类和巨噬细胞的减少又影响溶解氧的浓度。我们的研究结果确认了浊度与溶解氧之间的高度反相关性（$r = 0.87$）。通过以下回归公式可以计算得出回归值：

$$\mathrm{DO} = -0.0252Tu + 2.545\,52 \tag{3-12}$$

有机物连同矿物质化学氧化所需的氧气，被表示为 COD（化学需氧量），这个参数值越高表示有机污染越严重。BOD_5 是用来估算被污染的水中，生物体氧化有机和无机物时所需的氧气。COD/BOD_5 表示被污染水体的可生化性。结果显示，这一比值随着污染程度以及不同反射渠道的反射率（$r = 0.9$）升高。为了便于监测水质，我们使用卫星图像来预测被城市污水排放污染的海水的自净能力。另外，各生物参数可以通过互相计算获得，因为它们是高度相关的（r^2=0.68～0.96）。水生环境腐殖程度是 BOD_5 的生物学表达方式。许多学者（Zelinka and Marvan，1957；Rothshein，1977；Sladecek，1973）指出被污染区域与 BOD_5 的相关性。特别是在水生环境腐殖界限范围之内，Sladecek 和 Tucek（1975）修订了这一关系，并通过不同的污染指数显示生物的丰富度。根据他们报告，其图解有效率达到 90%～95%。

然而，我们的研究结果显示，海水和港口的溶解氧是适中的，也就是说对污水循环的回归演替可以在有氧条件下进行，而这一过程可能在污染度减少的情况下缩短。目前，似乎主要排污地点沿着污染度增加的方向分布。污染度的回归演替在溶解氧含量高的海水及港口比在溶解氧含量低的海水及港口中推进得更好。出口 1、出口 2 以及 Plac2 正遭受着低溶解氧和高浊度的影响。

为了了解生态系统的发展程度，这些地点应该通过生物指标确定水体的污染程度。根据 Bachari 和 Beabadji（1994）开发的程序，我们使用式（3-13）来完成图 3-3 和图 3-4。结果清楚地显示出在每个研究区域都有独特的不同颜色的子区域。每种颜色表示出水质或水污染的不同程度。通过这一技术，可以构建非常美丽并且全球性的图片，可以相对迅速且廉价地评估广阔水面的未知污染程度。

表 3-4 反射率与从阿尔及尔湾可视通道（SPOTXS）获得的海水污染的指标之间的相关性

函数	Conversions radiométriques 反演	R^2
浊度（NTU）=*f*（Ref TM1）	浊度（NTU）=215.5Ref^2+231.6Ref+5.183	+0.902 11
浊度（NTU）=*f*（Ref XS1）	浊度=315.9Ref（XS1）–1.670	+0.885 67
MES（mg/L）=*f*（Ref XS1）	MES（mg/L）=439.1Ref（XS1）–3.611	–0.870 23
浊度（NTU）=*f*（Ref TM2）	浊度=131.1Ref（TM2）–1.059	+0.841 08
Ref（XS1）=*f*（Chlr）	Ref（XS1）=0.17.Ln（Chlr）+0.692	+0.895 32
Ref（TM1）=*f*（Chlr）	Ref（TM1）=–1.224Chlr^2+1.224Chlr+0.134	+0.814 03
Ref（TM2）=*f*（Chlr）	Ref（TM2）=0.523Chlr+0.168	+0.764 00

注：叶绿素浓度和悬浮物的单位为 mg/L。

数据来源：海洋活动（2009）。

$$\mathrm{Ref2} = 0.019\,2\mathrm{COD}/\mathrm{BOD}_5 - 0.020\,2 \quad (r^2 = 0.92) \qquad (3\text{-}13)$$

反射率与水的一些物理参数（T、pH 和 C）之间的相关系数（r<0.15）非常小。然而，反射率与其他物理参数（TU，SM）（r = 0.83～0.85）和生物参数（DO，COD，BOD_5）（r =0.67～0.92）高度相关。

3.5 污染地图

通过使用 PCSATWIN 软件，我们将反射率图像转化成可以评估环境污染程度的图像。事实上，反射率及污染物组分之间存在着密切的关系。直观感觉也告诉我们海水的颜色始终是区别海水水质的重要因素。

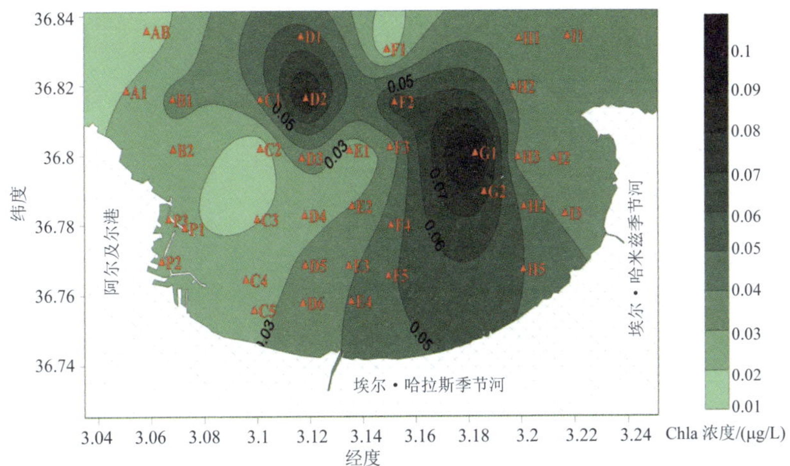

图 3-11　叶绿素在阿尔及尔湾 25 m 深的海水中的空间分布（2009 年 4 月）

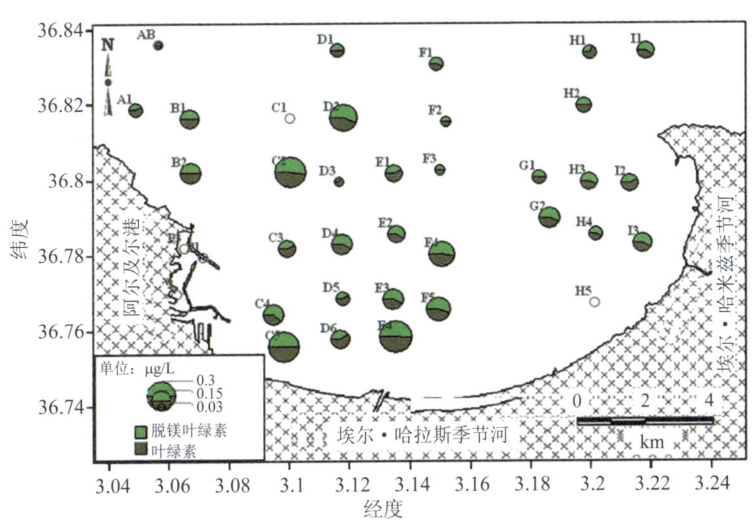

图 3-12　阿尔及尔湾表层水域叶绿素 a 及脱镁叶绿素的分布（海洋活动 2009 年 5 月）

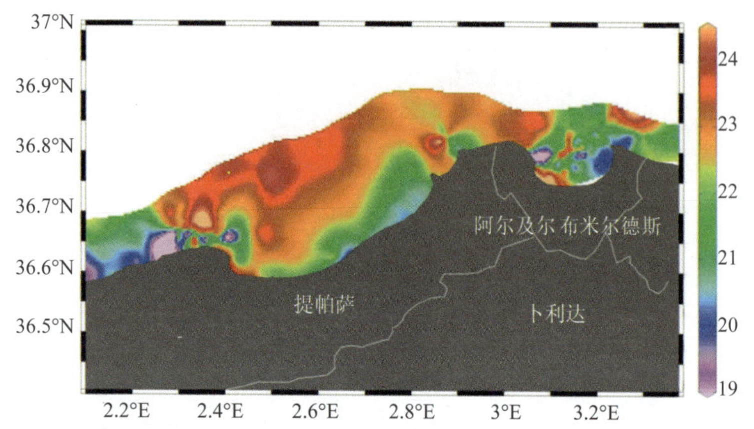

图 3-13 阿尔及尔地区水面温度的变化

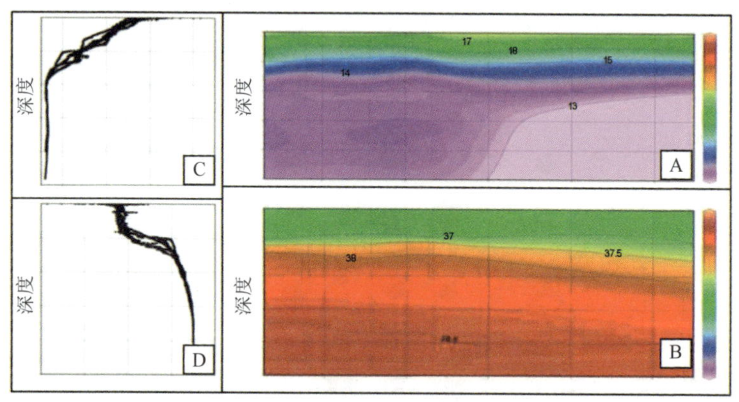

图 3-14 沿中心地区海岸的温度和盐度，按照深度进行的温度（下图）和盐度（上图）剖面

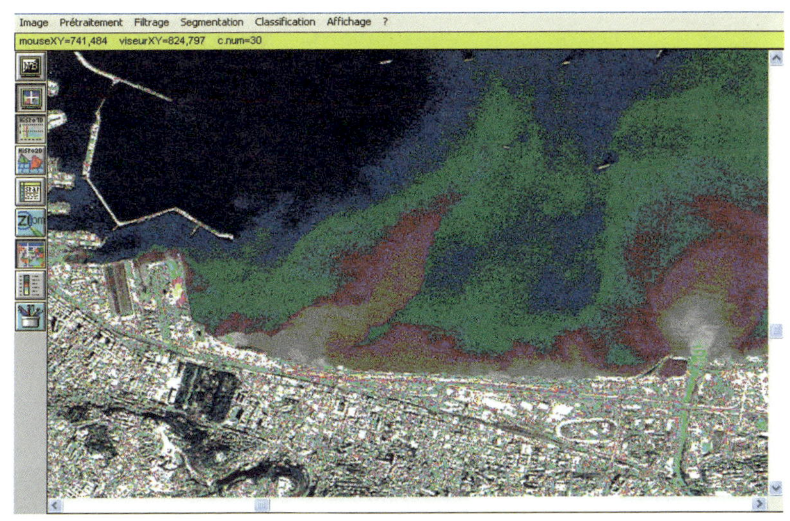

图 3-15 阿尔及尔湾 SPOTXS 卫星图像中悬浮物的变化（2009 年 4 月 10 日）

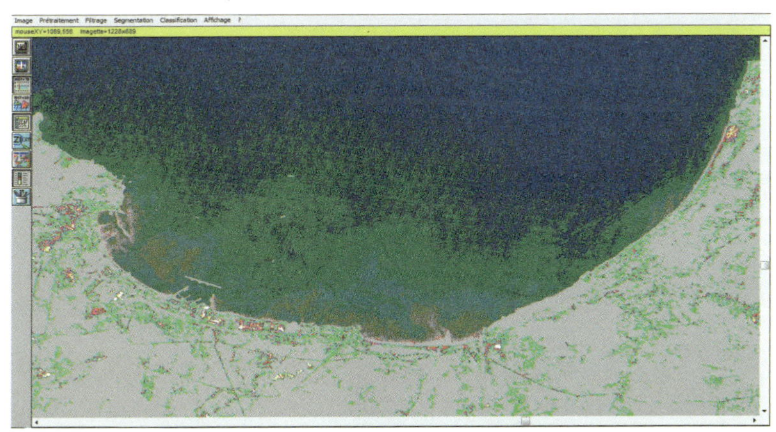

图 3-16 阿尔及尔湾 SPOTXS 卫星图像中叶绿素 a 的变化（2009 年 4 月 10 日）

注： $\mathrm{Ref}(\mathrm{XSl}) = 0.17, \ln(\mathrm{Chlr}) + 0.692r^2 = +0.895\,32$ 。

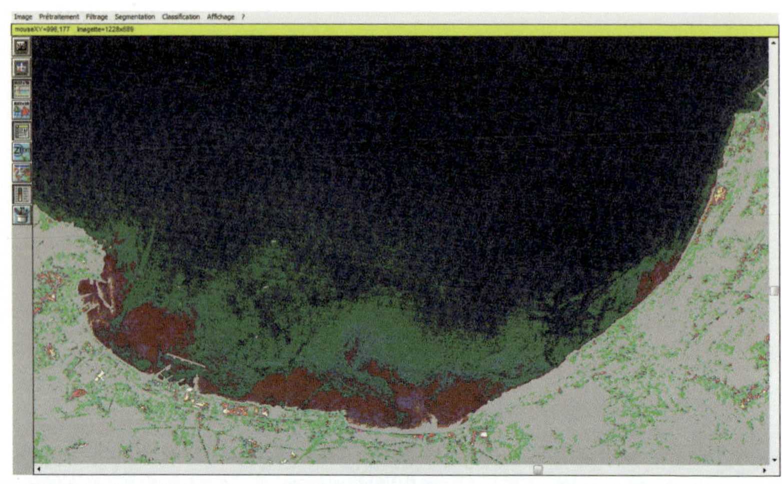

图 3-17 阿尔及尔湾 SPOTXS 卫星图像中硅藻属的变化

注： $\mathrm{Ref}(\mathrm{SPOT}_{\mathrm{XS1}}) = 26.311 + 51.135C \cdot diatom, r^2 = 0.892\,0$ 。

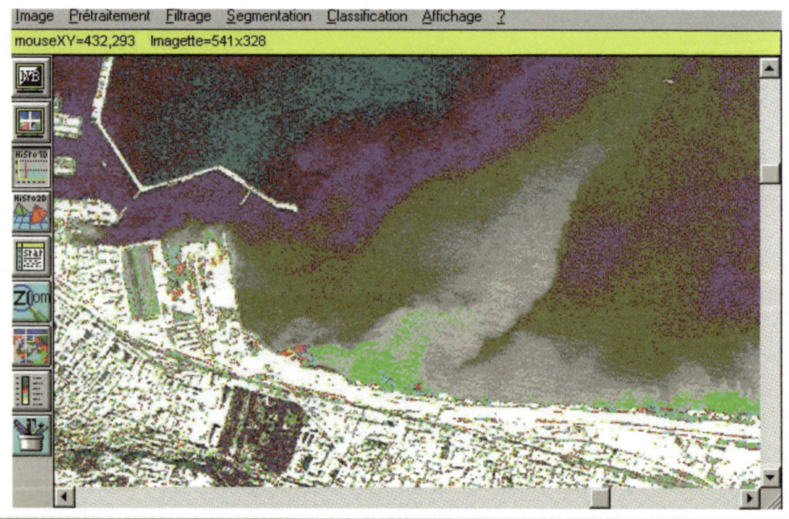

图 3-18 阿尔及尔湾 SPOTXS 卫星图像中浊度的变化（2009 年 3 月）

注： $\mathrm{Tuubidity(NTU)} = 315.9\,\mathrm{Ref(XS1)} - 1.670, r^2 = +0.885\,67$ 。

对卫星图像测定的反射率和 HPA（多环芳烃）/HT（总烃）数据之间应用统计分析发现线性拟合可以给出卫星第一通道的最佳结果。通过对比相关性系数，我们确认必要的电磁频谱，以便研究并确定海水污染的相关参数。从而，在我们的研究案例中获得了可见域中反射率之间的密切联系。

然而，就相关性来说，卫星 SPOT HRV 上的 XS1 比 XS2 更密切，XS2 比 XS3 更密切。陆地资源卫星 TM 给出前两个通道的密切联系，而传感器 MSS4 只显示对我们用途有益的通道。光谱波段 XS1、TM1、TM2 和 MSS4 给出与对应的反射率 Ref（XS1）、Ref（TM1）、Ref（TM2）和 Ref（MSS4）之间最佳的相关系数。因此，他们被用来监测水质。从波段 XS3、TM5、TM6、MSS6 和 MSS7 观测到最小值是完全合理的，因为在红外波段，水的吸收变得非常显著，而在其他波段，辐射的扩散非常弱，几乎可以忽略，因此传感器获得的信息减少。

表 3-5　碳氢化合物的反射率相关性

函数	调整线线性回归	相关系数
Ref.（XS1）=*F*（HPA）	Ref.1=0.031 505+0.031HPA	*R*=0.751 23
Ref.（TM1）=*F*（HPA）	Ref.1=0.082 39+0.035 2HPA	*R*=0.858 45
Ref.（TM2）=*F*（HPA）	Ref.2=0.071 04+0.028 4HPA	*R*=0.755 4
Ref.（XS1）=*f*（HT）	Ref.1=0.041 424+0.06HT	*R*=0.797 04
Ref.（TM1）=*f*（HT）	Ref.1=0.063 13+0.014 7HT	*R*=0.875 14
Ref.（TM2）=*F*（HT）	Ref.2=0.043 58+0.011 8HT	*R*=0.798 23
Ref.（MSS1）=*F*（HT）	Ref.4=0.069 48+0.001 30HT	*R*=0.769 6

注：HPA：多环芳烃；HT：总烃。

3.6 相关性分析

3.6.1 精准测量

只有相关性在 95%左右时，参数才被视为正常。

表 3-6 发射率和烃含量之间的相关性

函数	调整线线性回归	相关系数
Ref.（XS1）=*F*（HPA）	Ref1=0.315 05+0.003 1HPA	*R*=0.801 23
Ref.（TM1）=*F*（HPA）	Ref1=0.082 39+0.003 52HPA	*R*=0.798 45
Ref.（TM2）=*F*（HPA）	Ref2=0.071 04+0.002 84HPA	*R*=0.802 54
Ref.（MSS4）=*F*（HPA）	Ref4=0.077 69+0.003 13HPA	*R*=0.801 29
Ref（XS2）=*F*（HPA）	Ref2=0.248 82+0.001 5HPA	*R*=0.380 34
Ref.（TM4）=*F*（HPA）	Ref4=0.159 79+0.006 9HPA	*R*=0.397 20
Ref.（TM5）=*f*（HPA）	Ref5=0.260 10–0.008HPA	*R*=0.157 9
Ref.（TM3）=*F*（HPA）	Ref3=0.118 21+0.013 5HPA	*R*=0.385 02
Ref.（MSS6）=*f*（HPA）	Ref6=0.199 36+0.005 9HPA	*R*=0.391 32
Ref.（XS1）=*f*（HT）	Ref1=0.314 24+0.000 13HT	*R*=0.797 04
Ref.（TM1）=*f*（HT）	Ref1=0.731 3+0.001 47HT	*R*=0.795 14
Ref.（TM2）=*F*（HT）	Ref2=0.063 58+0.001 18HT	*R*=0.798 23
Ref.（MSS4）=*F*（HT）	Ref4=0.069 48+0.001 30HT	*R*=0.796 96
Ref.（XS2）=*f*（HT）	Ref2=0.248 46+0.000 06HT	*R*=0.425 52
Ref.（MSS6）=*f*（HT）	Ref6=0.198 42+0.000 18HT	*R*=0.358 70
Ref.（TM4）=*F*（HT）	Ref4=0.158 87+0.000 20HT	*R*=0.339 88
Ref.（TM5）=*F*（HT）	Ref5=0.254 54+0.000 32HT	*R*=0.185 58
Ref.（MSS5）=*F*（HT）	Ref5=0.150 67+0.000 37HT	*R*=0.422 87

注：HPA：多环芳烃；HT：总烃。

发现线性拟合可以给出卫星第一通道的最佳结果。通过对比相关性系数，我们确认必要的电磁频谱，以便研究并确定海水污染的相关参数。从而，在我们的研究案例中获得了可见域中反射率之间的密切联系。然而，就相关性来说，卫星 SPOT HRV 上的 XS1 比 XS2 更密切，XS2 比 XS3 更密切。陆地资源卫星 TM 给出前两个通道的密切联系，而传感器 MSS4 只显示对我们用途有益的通道。光谱波段 XS1、TM1、TM2 和 MSS4 给出与对应的反射率 Ref（XS1）、Ref（TM1）、Ref（TM2）和 Ref（MSS4）之间最佳的相关系数。因此，它们被用来监测水质。从波段 XS3、TM5、TM6、MSS6 和 MSS7 观测到最小值是完全合理的，因为在红外波段，水的吸收变得非常显著，而在其他波段，辐射的扩散非常弱，几乎可以忽略，因此传感器获得的信息减少。

3.6.2　污染地图

通过使用 PCSATWIN 软件，我们将反射率图像转化成可以评估环境污染程度的图像。事实上，反射率及污染物组分之间存在着密切的关系。直观感觉也告诉我们海水的颜色始终是区别海水水质的重要因素。

基于转换后的卫星图像，图 3-18、图 3-19 可以让我们根据各区域颜色的差别，清楚地分辨出污染区域的类别。也就是说，观测到不同的类别表示不同的污染程度。于是，我们得出结论：可视通道可以很好地应用于海洋污染监测。

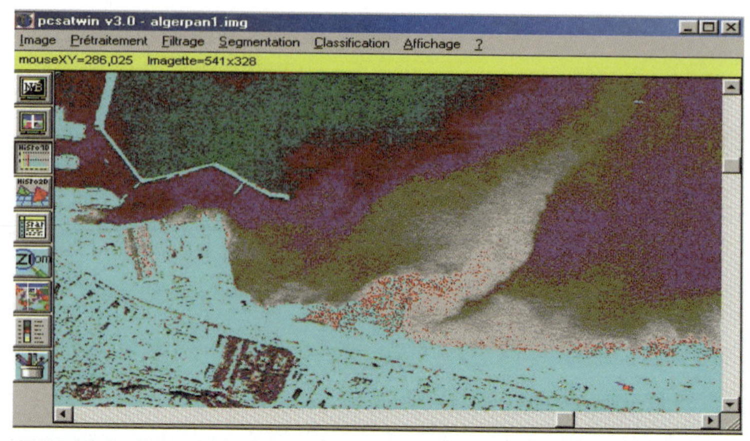

图 3-19 多环芳烃的空间分布

注：SPOT 图像转化开始于如下关系：HPA(μg/L) = 658.5 + 2 092.8XS1 。

最终，我们得出物理-化学参数与反射率之间的线性关系。反过来，这种关系可以估算每个像素代表的水质情况。图像中清楚地显示出在每个研究区域都有独特的不同颜色的子区域。每种颜色表示出水质或水污染的不同程度。通过这一技术，可以构建非常美丽并且全球性的图片，可以相对迅速且廉价地评估广阔水面的未知污染程度。通过使用 PCSATWIN 软件，我们将反射率图像转化成可以评估环境污染程度的图像。事实上，反射率及污染物组分之间存在着密切的关系。直观感觉也告诉我们海水的颜色始终是区别海水水质的重要因素（Houma et al.，2004）。

基于转换后的卫星图像，图 3-20、图 3-21 和图 3-22 可以让我们根据各区域颜色的差别，清楚地分辨出污染区域的类别。也就是说，观测到不同的类别表示不同的污染程度。于是，我们得出结论：可视通道可以很好地应用于海洋污染监测。

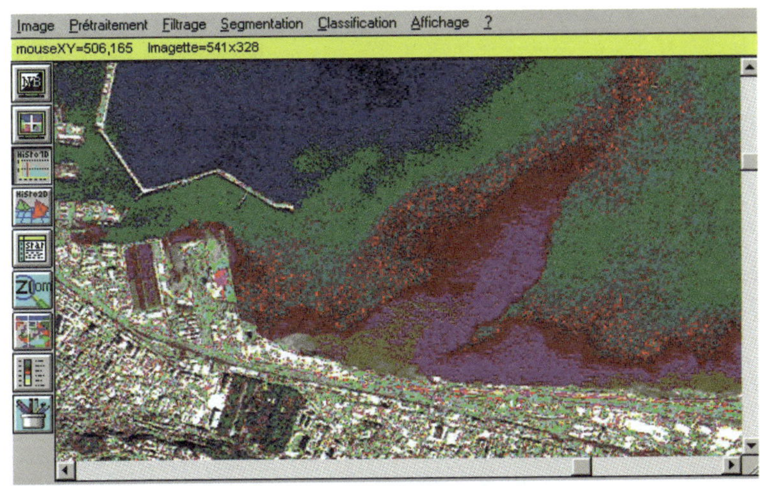

图 3-20　总烃的空间分布（一）

注：SPOT 图像转化开始于如下关系：HT(mg/L) = 1 559 + 4 975.3XS1。

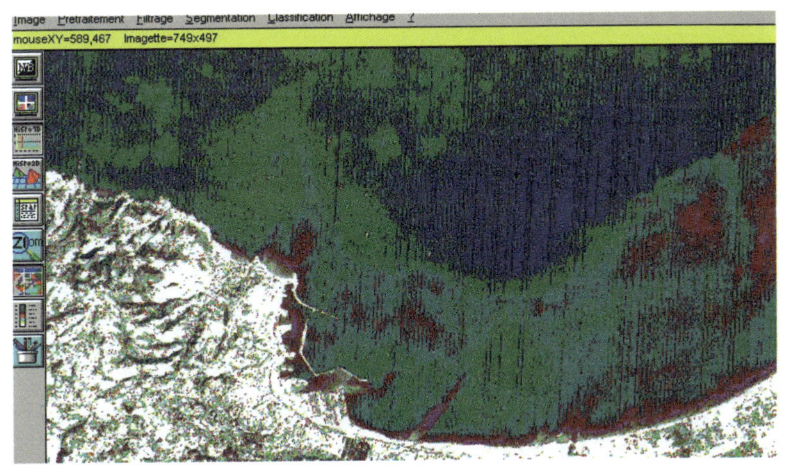

图 3-21　总烃的空间分布（二）

注：陆地资源卫星 MSS 图像转化开始于如下关系：HT(mg/L) = −29.59 + 487.83MSS4。

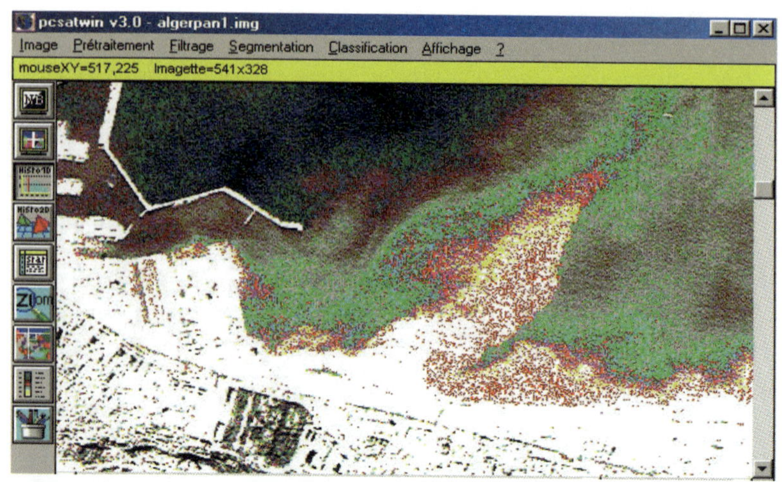

图 3-22 悬浮物的空间分布

注：SPOT 图像转化开始于如下关系： $MES(mg/L) = -4\,227 + 13\,680XS1$ 。

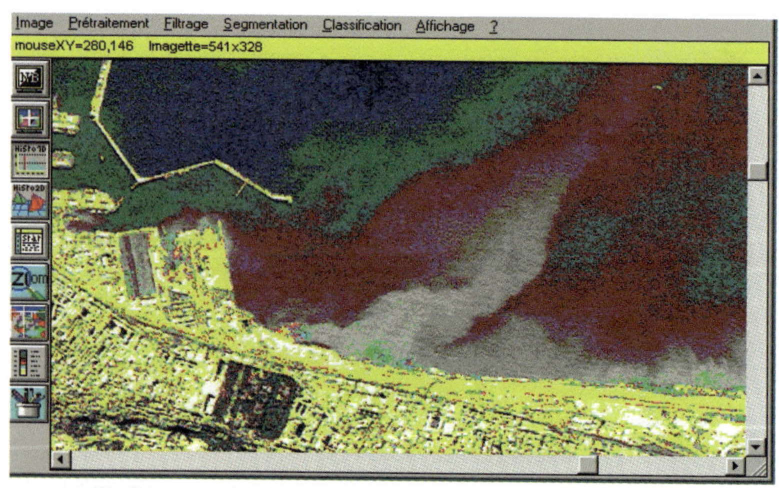

图 3-23 阿尔及尔湾 SPOT 卫星图像 XS1 中浊度的变化

注： $TU(NTU) = -5\,149 + 16\,421XS1$ 。

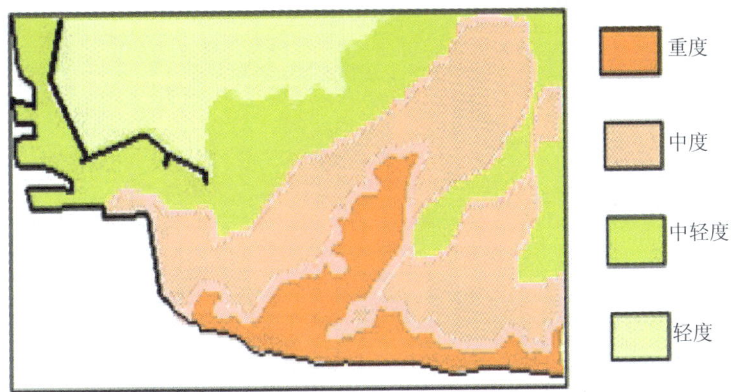

图 3-24 阿尔及尔湾浊度分布图

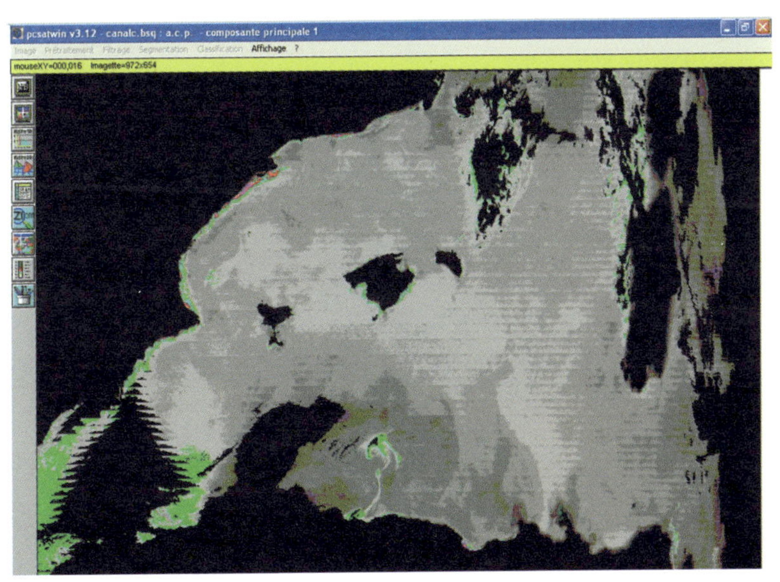

图 3-25 卫星 SeaWIFS 的通道 1 显示的叶绿素分布图

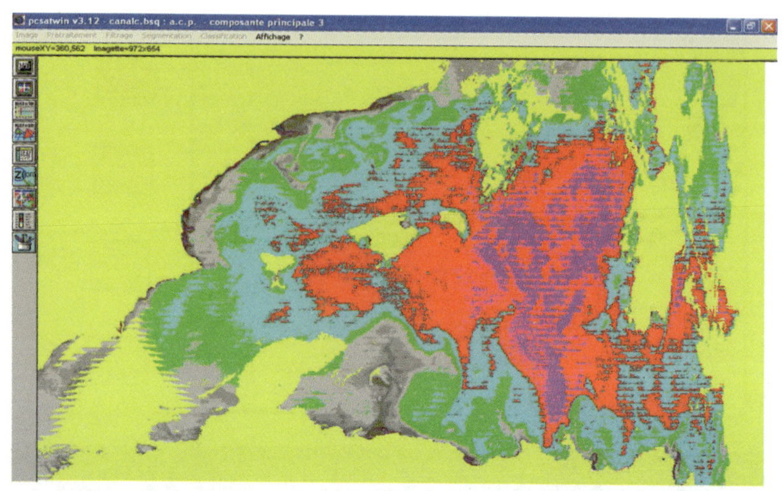

图 3-26　卫星 SeaWIFS 的通道 2 显示的叶绿素分布图

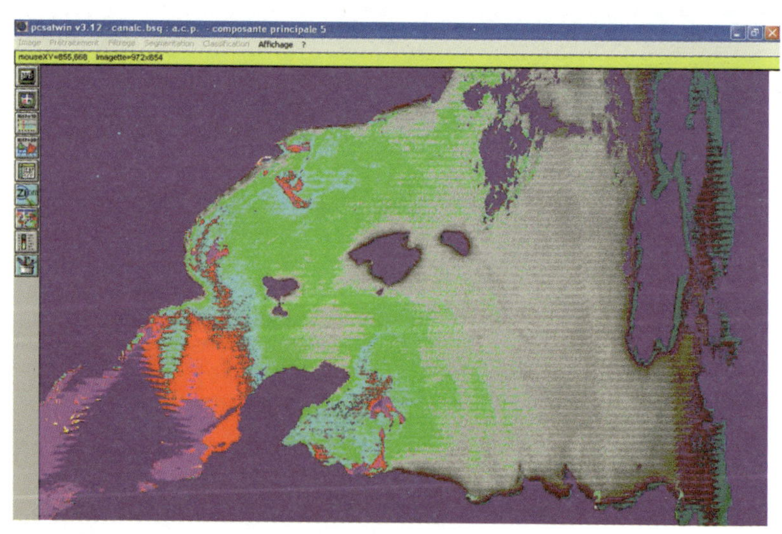

图 3-27　卫星 SeaWIFS 的通道 4 和通道 5 显示的叶绿素分布图

3.7　结论

卫星 SeaWiFS 的图像（宽视角海景图）覆盖了整个地中海西部盆地（包括构成非洲北部以及欧洲南部的海岸）（案例 1 中的水）。这些图形经过处理可以作为叶绿素的分布图。6 个可视通道的原始图片已经过校准，消除了大气散射的影响。

连续场景中对应的图片的结果由 PCSATWIN 软件处理（Bachari et al.，1997）。对海水的分析对于给定介质的环境研究具有重要意义。物理化学参数可以揭示出海洋被污染的程度，但是持续的环境监测需要长期、昂贵的测量。考虑到这一困难，拥有丰富光谱以及全球视角的卫星图像，对于自然的量化分析来说是非常理想且很有潜力的。

对于自然环境的空间-时间监测，遥感是一种非常有效的技术，其应用具有广阔前景。与传统方法相比，它能够迅速覆盖广阔范围，并且成本较低。这种技术向我们证明，可以基于监测海岸区域污染的卫星图像评估特定的污染。实际上，图像揭示出全球的即时的环境状态，可以定位环境样本。相关性分析实现了基于卫星 SPOT 和陆地资源卫星确定污染指标的可能性。地面测量数值的空间分布有利于水质监测和环境干预。可视光谱波段的作用显著，可以被用于其他更为深入的研究，建立真实的污染地图。轨道卫星拍摄的这些地图能提供沿海水质信息。

作者详细信息

Houma Fouzia1*，Bachouche Samir[2]，Bachari Nour El Islam[2] 和 Belkessa Rabah[1]

*所有电子邮件请发送至：houmabachari@yahoo.fr;

bachouche.samir@gmail.com;

bachari10@yahoo.fr;

belkessarabah@yahoo.fr

1 海洋科学与沿海管理国家学院（ENSSMAL）。地址：University Campus Delly Ibrahim Bois des Cars，Algiers，Algeria。

2 生物科学学院，阿尔及利亚，阿尔及尔布迈丁豪阿科学与技术大学（USTHB）。

参考文献

[1] Bachari N and Belbachir A.H. (1996) Modélisation de l'interaction spectre solaire avec le systéme sol-atmophére pour une mesure satellitaire; Congrés national de la physique et ses applications en Algérie Sétif 4-6 Décembre.

[2] Bachari N, N-Benabadji , A-Abdellaoui ,1997a. Développement du logiciel d'analyse spectrale et temporelle des images satellite type SPOT, LANDSAT and METEOSAT, A.M.S.E, J Volume.38, N° 1,2, pp15-34.

[3] Bachari N.E.I., Belbachir A.H ., et Benbadji N.,1997 (b). Numerical Methods for Satellite Imagery Analysis, AMSE.,J Volume.38, N°1,2, pp 49-60.

[4] Bachari N and Benabadji N, 1994 : Développement du logiciel d'analyse d'images satellite SPOT, LANDSAT et METEOSAT; J.Télédetection AUPELF-UREF, N° 24 .

[5] Chandler J.R. (1970) A biological approach to water quality management, J. Water Pollut. Control 69, 415-422.

[6] G.M. Ferrani and S.Tassan. 1992. Evaluation of the influence of yellow substance absorption of the remote sensing of water quality in the golf Naples:a case study. Int.J.Remote Sensing ,1992 , Vol ,13,N 12 ,2177-2189

[7] Graham, T.R (1965) Ann. Rept Lothians River Purif. Borard. Quoted according to Cahandler, 1970.

[8] Fouzia HOUMA, Nour El Islam BACHARI, 2012 Solar Radiation Modeling and Simulation of Multispectral Satellite Data. *Atmospheric Models Applications,* 296 pages, Publisher: InTech Book Edited by Ismail Yucel, ISBN 978-953-51-0488-9, Hard cover, 296 pages, Publisher: InTech, Published: April 04, 2012 under CC BY 3.0 license, in subject Oceanography and Atmospheric Sciences, DOI: 10.5772/2012.

[9] Houma F., Bachari N.E.I., Belkessa R., and Abdellaoui A, 2010. Contribution of Multispectral Satellite Imagery to the Bathymetric Analysis of Coastal sea bottom. Application to Algiers bay, Algeria. *Journal Physical Chemical News,* volume 53(57-61), PCN, 2010.

[10] Houma Fouzia , Khouider Ali , Bachari Nour El Islam , Derriche Zoubir ,2004 Etude Corrélative des Paramètres Physico-Chimiques et des Données Satellites IRS1C pour Caractériser la Pollution aquatique. Application à la baie d'Oran Algérie. Journal Sciences de l'eau Vol 17 No 4, pp 429-446.

[11] Houma F, Belkessa R, Bachari NEI, 2006. Contribution of multispectral satellite imagery to the bathymetric analysis of sea bottom Application to Algiers city, Algeria. Revue des Energies Renouvelables Vol. 9 N°3 (2006) 165-172.

[12] Jaquet J.M, 1989 Limnologie et télédétection : Situation actuelle et développements futurs. Review Sciences of water, 2: 457- 481.

[13] Rodier.J, (1992) L'analyse de l'eau (eaux naturelles , eaux résiduaires et eaux de mer) 7ème édition DUNOD.

[14] Rothschein, J. (1977) Saprobitat und Wasserchemismus. Ergebn. Lilmnol. 9, 101-102.

[15] Sladecek, V. (1973) System of water quality from biological Point of view.Ergebn. Limnol. 7, 1-218.

[16] Sladecek V & Tucek F. (1975) Relation of the saprobic Index ti BOD5. Water Res. 9,791-794.

[17] Zelinka M. & Marvan P. (1957) Die wichtigsten Erkenntnisse aus der statistischen Verarbeitung der Wasseranalysenresultate der mahrischen flüsse. Voda 36, 152-155.

第 4 章

非洲东部及南部地下水的氟化物污染以及潜在的除氟技术

伯纳德·索利

4.1 引言

在非洲，地下水是大部分农村地区供水的主要来源。一般来说，其微生物和生物特性良好，只需要简单的处理。遗憾的是，地下水有时会受到自然产生的化学物质的污染。其中的一种自然有毒物质为氟化物。在非洲一些地区，地下水含有超出世界卫生组织上限 1.5 mg/L 的氟化物。据报告，东非大裂谷属于高氟区。这一区域从约旦山谷向下穿过苏丹、埃塞俄比亚、乌干达、肯尼亚和坦桑尼亚。马拉维和南非共和国的氟含量也很高。在肯尼亚，从全国收集的 1 000 个样品中，氟含量超过 5 mg/L 和 8 mg/L 的地区分别占 20%和 30%。对坦桑尼亚地下水的一项含氟调查发现，30%的饮用水中氟含量超过 1.5 mg/L。在马拉维和南非共和国的地下水中氟含量超过 1.5 mg/L，也出现过对氟斑牙的报道。地下水中氟含量很高的替代性指标是高 pH，pH 超过 7，以及钠和碳酸盐的含量高。当然，也可能存在一些与这些替代性指标不符的例外情况。

氟摄入对人体健康发挥有益作用，但仅限于饮用水中氟化物含量接近 1.0 mg/L 时的水平。据报告，氟含量在这一水平的饮用水可以提高骨骼和牙齿健康。摄入氟含量超过 1.5 mg/L 的水将对健康产生负面影响。饮用水中氟含量在 1.5～3.0 mg/L，将导致牙齿褐变并出现斑点，即氟斑牙。这是氟中毒发病，导致牙齿变得硬脆。浓度在 4～8 mg/L，将导致氟骨症，如果摄入较长时间氟化物大于 10 mg/L 的水将出现氟中毒致残。氟骨症的特征是骨骼畸形，从而导致运动困难，而氟中毒致残的特点是骨骼脆弱，骨关节长在一起，导致无法运动。据文献报告，氟摄入过量可能导致其他后果，其中包括肌肉纤维变性、血红蛋白水平低、红细胞畸形、过度口渴、头痛、皮疹、抑郁症、肠胃病、泌尿系统失常、恶心、腹部疼痛、手指和脚趾有刺痛感、免疫力降低和神经系统发生类似于阿尔茨海默氏病患者的病理变化。比起高氟区典型的牙齿和骨骼氟中毒，这些影响却很少受到关注。

与通过水摄入的氟化物相比，通过食物和空气的摄入量相对较小。因此，注意力应集中到控制饮用水中氟化物的浓度上。世界卫生组织建议，在流行性地区，采用的缓解氟中毒的方法应该按照以下顺序：①确定低氟含量替代饮用水；②通过低氟水淡化高氟水，达到在 1.5 mg/L 的平衡；③食用高钙、镁和维生素 C 的饮食；④如果上述方法不可行；从水中除去氟化物，以达到所需的 1.5 mg/L 的水平。饮水除氟，去除水中的氟化物，无论从时间、空间及材料方面都已被广泛研究。这是因为其他干预方法，对使用天然水源并且收入水平很低的高氟农村地区往往不切合实际。广泛的研究产生了在家庭、市政或地区层次除氟方面的大量新数据和资料。然而，这些信息常常在来源及方式上存在区别。

本章旨在通过巩固对地下水氟化物的知识、氟化物对健康的影响以及非洲东部和南部的除氟技术，提供获得安全饮用水的技术。本章将提供非洲东部和南部水中含有氟化物的信息，及其对健康的影响，以便指导市政、地区和国家层面对供水和水处理的选择和决策；巩固科学家对水中含氟以及除氟科学的调查研究，非科学人士协助家庭及当地社区进行除氟技术的选择；为水资源学科的学生提供通过除氟技术进行特殊水源处理的实例。

4.2　氟化物与人类健康

氟化物摄入有益和有害影响之间的界线很窄。通过饮用水摄入 1.0 mg/L 的氟化物可以强健牙齿和骨骼；然而，不可以饮用浓度超过 1.0 mg/L 的水，因为长期饮用这样的水会导致氟中毒。氟斑牙是通过长时间饮用氟化物浓度在 1.5～4.0 mg/L 的水导致。氟斑牙特点是牙齿褐变并出现色斑。长期饮用氟化物浓度在 4.0～10 mg/L 的水会导致氟骨症，当浓度超过 10.0 mg/L，长时间饮用可能会导致氟中毒瘫痪。氟骨症的特点是骨骼弱化和骨骼畸形。氟中毒瘫痪的症状是骨关节长在一起，造成行动不便。氟化物对骨骼结构有益和有害研究基于骨骼结构主要构成材料钙羟基磷酸盐中氢氧离子和氟离子之间的离子反应。氢氧离子替代氟离子，如式（4-1）所示，产生更耐酸的结构——氟磷灰石。

$$Ca_5(PO_4)_3OH + F^- \longrightarrow Ca_5(PO_4)_3F + OH^- \qquad (4\text{-}1)$$

与羟基磷灰石相比，氟磷灰石更能耐强酸攻击，其为牙釉质提供了抵御来自食物中酸性物质的保护层。这可以防止龋齿。但是，过量的氟化物摄取导致反应超出氢氧化物的替换，如式（4-2）所示。

$$Ca_5(PO_4)_3F + 9F^- \longrightarrow Ca_5F_{10} + 3PO_4^{3-} \qquad (4\text{-}2)$$

在式（4-2）中，磷酸盐和氟离子之间发生交换。所得到的化合物十氟化钙，是一种非常硬且脆的材料，不适用于骨骼结构的功能。过度消耗氟化物还会产生其他并发症，例如肌肉纤维变性、血红蛋白水平低、红细胞畸形、过度口渴、头痛、皮疹、抑郁症、肠胃病、泌尿系统失常、恶心、腹部疼痛、手指和脚趾有刺痛感、免疫力降低和神经系统发生类似于阿尔茨海默氏病患者的病理变化。与其他氟化物的影响相比，牙齿和骨骼氟中毒引起更多的关注，因为其表现形式较为明显。例如在马拉维，氟化物在饮用水中含量与小学生氟斑牙的出现具有高度相关性。在该国家的一些地区，也证实地下水氟含量和氟斑牙之间的高度相关性。井水中氟含量水平与马拉维南部乡镇利翁代小学的氟斑牙的出现的相关性显著（r^2=0.77）。类似的现象也出现在马拉维中部那森杰镇，那里高氟地区的学校 68.5%的儿童出现氟斑牙。

南非共和国已经报道过高氟地区氟中毒的发生率。有研究表明，南非 803 个区域属于流行性氟中毒区域。这些区域包括开普省的西部和卡鲁地区，德兰士瓦的西北、北部、东部和西部地区，以及自由州的西部和中部地区。一项对儿童出现氟斑牙的研究表明，即使在饮用水含氟浓度低的区域也存在氟斑牙。在次高氟地区（0.4～0.6mg/L），儿童中出现氟斑牙的比例约为 19%。所得到的结果说明，饮用水中没有通用的氟化物安全水平。表 4-1 中显示出在低、中、高氟地区，显著氟斑牙发生率。

表 4-1　南非 3 个地点氟化物及氟斑牙发生率

地点	氟含量/（mg/L）	发生率/%
Sanddrif	0.19	47
Kuboes	0.48	50
Leeu Gamka	3.0	95

注：本表为饮用水中氟含量大于 2%的氟斑牙指数记录。

坦桑尼亚的氟化物含量更高，尤其是乞力马扎罗地区的氟斑牙和氟骨症。在坦桑尼亚梅鲁玛吉亚太，119 名年龄在 9～13 岁的儿童中，87.4%的儿童患有重度氟斑牙。这些孩子始终在该区域生活，饮用氟含量高达 18.6 mg/L 的河水。成年人当中发生氟斑牙的概率也很高，在阿鲁沙是 83%，在穆施是 95%。受影响最严重的地区是坦桑尼亚的阿鲁沙、穆施、辛吉达和欣延加。在阿鲁沙地区已经发现氟骨症。在肯尼亚，3 个种族的氟斑牙患病率的报告高达 39.6%。表 4-2 通过严重程度说明了氟斑牙症状的分布情况。

表 4-2 肯尼亚报告的氟斑牙症状的分布情况

单位：%

氟斑牙的分布	非洲	亚洲	欧洲
样本大小	3 014	626	922
正常	46.4	30.4	61.3
可疑	15.7	11.7	15.7
非常轻微	17.9	17.5	13.4
轻微	10.8	28.6	6.4
中等	5.5	5.7	2.3
严重	3.7	6.1	0.9
普遍	37.9	57.9	23.0

受影响最严重的是肯尼亚的北部边境（图尔卡纳）、西北部、南部大裂谷，以及中部和东部地区。调查发现，亚洲人口中 67%、非洲人口中 47%、欧洲学校儿童中 30%表现出不同程度的氟斑牙的症状。亚洲人口中的高患病率估计与他们的素食习惯有关。本研究在肯尼亚进行，并使用了以下说明的氟斑牙指数（表 4-3）。

表 4-3 氟斑牙指数

分类	说明
正常	完全没有白色斑点或白点
可疑	有几个白色斑点，偶尔有白点
非常轻微	牙齿表面 25%的区域被细小白色不透明区域覆盖
轻微	50%被白色不透明区域覆盖
中等	几乎覆盖所有区域，只有点蚀和棕色或黄色牙渍
严重	所有牙齿发育不全、带有瑕疵和大片棕色牙渍，外观为白色，牙渍从巧克力色至黑色。存在不引人注目的点蚀汇合，并伴有磨损

还有其他一些经常使用的指数。比如：DDE，由世界牙科联盟开发的 DDE（牙釉质发育缺陷）；由 Thylstrup 和 Fejerskov（1978）开发的 Thylstrup Fejerskov（TF）指数，以及由 Horowitz 等在 1984 年开发的氟牙症牙面指数（TSIF）。

非洲一些国家的许多地方也受到氟中毒的影响。其中包括苏丹、乌干达、埃塞俄比亚、塞内加尔以及尼日尔的一些地区。氟摄入与饮用水高度相关，因为其他途径，例如食物和空气所起的作用很小。美国公共健康服务部（USPHS）对平均空气温度下水中氟化物最低、最佳、最高允许含量进行了设定（表 4-4）。

表 4-4　USPHS 对饮用水中氟含量的推荐值

年平均每日空气最高温度/℃	推荐的氟化物浓度/（mg/L）			最大允许氟化物浓度/（mg/L）
	较低	最佳	较高	
10～12	0.9	1.2	1.7	2.4
12.1～14.6	0.8	1.1	1.5	2.2
14.7～17.7	0.8	1.0	1.3	2.0
17.8～21.4	0.7	0.9	1.2	1.8
21.5～26.2	0.7	0.8	1.0	1.6
26.3～32.5	0.6	0.7	0.8	1.4

4.3　世界范围内氟化物的分布情况

存在氟化物的地质成因往往与火山活动、富马酸气体和温泉水的存在有关。地下水高氟含量的替代性指标：低浓度的钙和镁，高浓度的钠和碳酸氢根离子，并且 pH 大于 7。然而除了这些通用条件，也有例外情况。高氟地下水通常以氯化钠或重盐酸盐型氯化钠以及高 pH 为特征。高氟地下水的领域包括含氟床的伊拉克、伊朗、叙利亚、土耳其、阿尔及利亚和摩洛哥的部分地区，以及东非大裂谷，从约旦山谷贯穿苏丹、埃塞俄比亚、乌干达、肯尼亚和坦桑尼亚。世界其他地方也存在高氟区，图 4-1 至图 4-6 显示了世界范围的高氟区域。

氟化物含有多种矿物质，包括萤石（CaF_2）、冰晶石（Na_3AlF_6）、磷灰石[$Ca_5(PO_4)_3F$]和角闪石[$(Ca,Na)_2(Mg,F,Al)_5(Si,Al)_8O_{22}(OH)_2$]。地壳的平均丰富度大约为 300 mg/kg，占地壳总重量的 0.06%～0.09%。地下水中的氟是通过水与氟床的接触，含有矿物质的氟化物分解的结果。

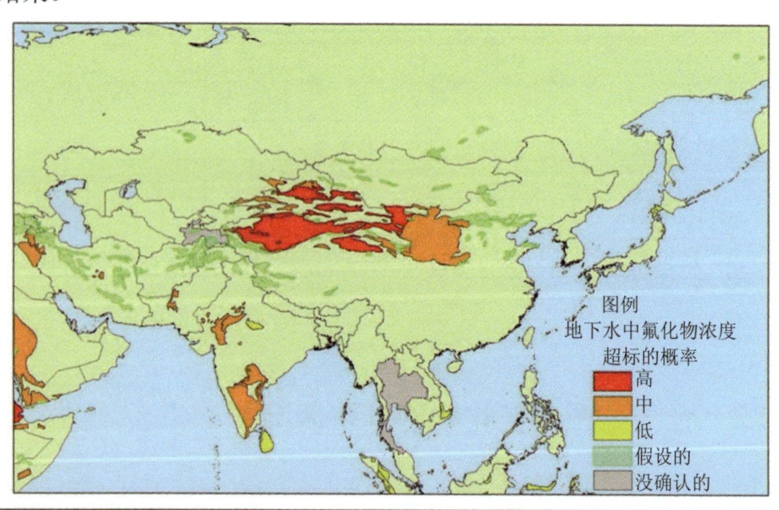

图 4-1　亚洲地下水中的氟化物分布

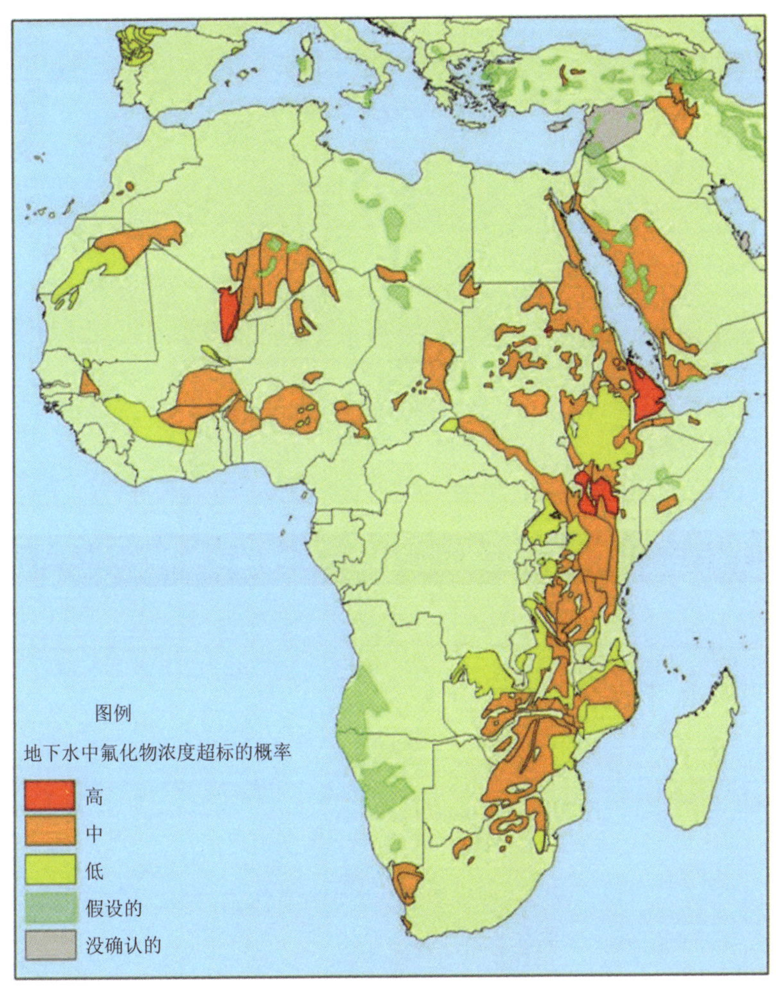

图 4-2　非洲地下水中的氟化物分布

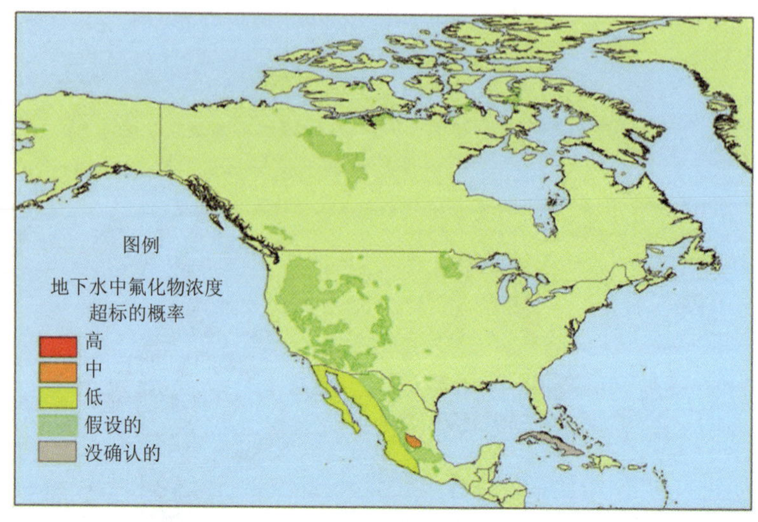

图 4-3 北美洲、中美洲地下水中的氟化物分布

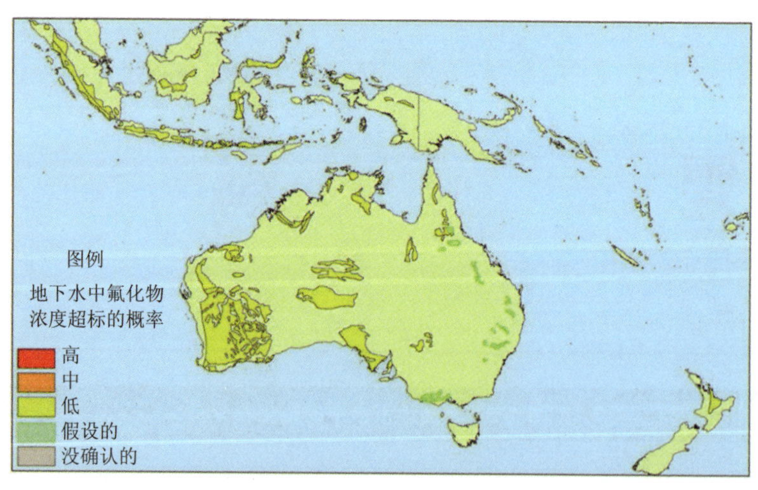

图 4-4 大洋洲地下水中的氟化物分布

图 4-5　南美洲地下水中氟化物的分布

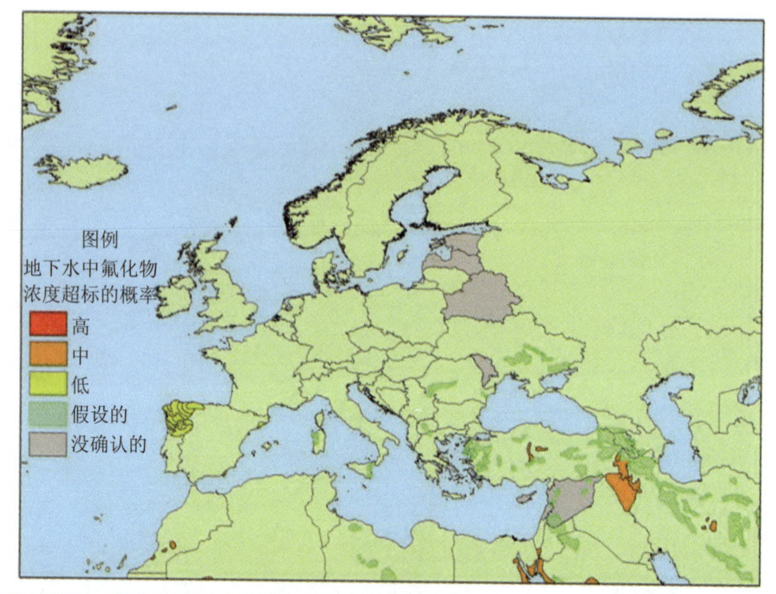

图 4-6 欧洲地下水中氟化物的分布

4.4 非洲东部和南部氟化物的分布

在肯尼亚、坦桑尼亚、马拉维和南非共和国的某些地区，地下水氟含量很高；然而，与南部国家相比，东非国家的氟含量更高。以坦桑尼亚为例，据报告，地下水氟化物浓度高达 40 mg/L，请参阅表 4-5。而在东非的一些湖泊中氟化物浓度极高，但是在地表水中并不算是典型情况。肯尼亚的艾乐慢泰特湖和纳库鲁湖中，氟化物浓度分别是 1 640 mg/L 和 2 800 mg/L。据报告，坦桑尼亚的莫没拉湖，氟化物的浓度为 690 mg/L。在肯尼亚进行的对氟化物浓度的详细调查结果显示，样品中 20%的氟含量大于 5 mg/L，12%超过 8 mg/L。共计 1 000 个样品来自全国各个地区。据报告，浓度最高的是在火山地区的内罗毕、东非大裂谷和中部省份，其地下水中氟化物浓度最高可达 30～50 mg/L。在坦桑尼亚，裂谷中的浓度被检测高达 45 mg/L。坦桑尼亚受灾最严重的地区是姆万扎、玛拉、欣延加、阿鲁沙、乞力马扎罗山和辛吉达，氟的浓度分别在图 4-7 中用阴影线所示。

表 4-5　在坦桑尼亚北部一些地下水源中的氟化物浓度

单位：mg/L

地点	地下水中平均氟化物浓度
阿鲁沙・马吉・亚・柴，阿鲁曼鲁街区	20.0
靳蒙高・斯普林	10.5
基加利 B/H 113/79	11.0
马赛・弗罗-挺嘎挺嘎	32.0
B/H 186/81-哈囊	46.0
辛吉达 S/W 8/78-恩戈罗恩戈罗	11.6
西耐尼	10.5
多罗摩尼营地井	21.3
米吉朗戈村鱼类军营	12.5
马由尼热泉	10.5
希尼安加 S/W 马可可罗	17.0

资料来源：坦萨尼亚恩格尔多托除氟研究中心。

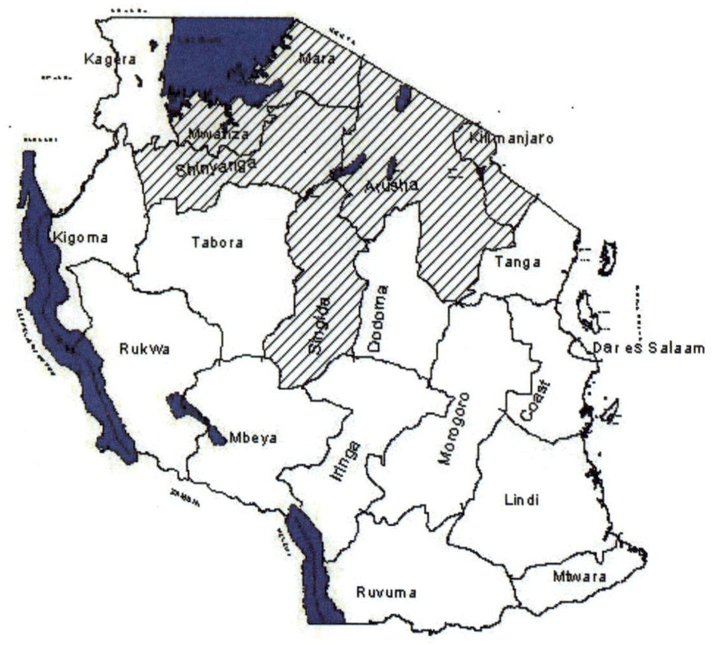

资料来源：坦萨尼亚恩格尔多托除氟研究中心。

图 4-7　坦桑尼亚受氟化物影响的地区分布图

对马拉维南部地区地下水中的氟化物已经进行过细致的调查。研究中提取的数据如表 4-6 所示。在南非共和国的研究表明，地下矿井水含有的氟化物可能超过 3 mg/L。在选择的案例中，南非西北部省马蒂邦市的地下水含氟量约为 6 mg/L。西部省份是南非发生氟中毒的典型地区之一。受影响的地区包括西北各省、卡鲁、林波波省和北开普省。类似这样的案例吸引了饮水除氟方面的研究。例如，评估活性氧化铝用作除氟剂效果的研究。该研究表明，活性氧化铝可用于处理初始氟化物浓度高达 8 mg/L 的矿井水。两个装机容量为

500 000 L/d 的除氟厂于 20 世纪 80 年代初在南非共和国建成。

表 4-6　文献记载某些地区的氟化物含量

地点	地区	地下水中的氟化物浓度/（mg/L）
班古拉市场	恩桑杰	4.91±0.03
恩桑杰平交路口	恩桑杰	7.25±0.01
托马力贸易中心	奇夸瓦	1.91±0.00
托马力融冰槽	奇夸瓦	1.93±0.01
Mlangalanga 村，马林迪	曼戈切	2.60±0.00
曼戈切医院 1	曼戈切	2.45±0.01
Nsauya	曼戈切	3.64±0.01
Mbando 村	Zomba	6.51±0.01
Mtubwi	马钦加	7.51±0.00
Mliwa 村	马钦加	5.60±0.00
Evangelical Baptist 教堂	马钦加	5.08±0.01
马钦加 医院	马钦加	4.73±0.01
Duwa 村	马钦加	4.88±0.00
Chedweka	马钦加	6.47±0.02
Mazengera	利隆圭	7.00±0.01
Nkhotakota boma	恩科塔科塔	9.60±0.02
Songwe	卡隆加	8.00±0.01

4.5 氟中毒及饮水除氟的研究

全世界饮水除氟的研究已经尝试过很多种方法，然而主要的原则仍然是吸附、离子交换、沉淀、凝聚、膜分离、蒸馏和电解。

4.5.1 吸附和离子交换

吸附即让水穿过接触床，通过离子交换或与固体基质床表面发生化学反应去除氟化物。操作一段时间后，必须再次填充或生成饱和柱。除氟所用的各种吸附剂包括活性氧化铝、活性炭、骨炭、涂覆硅胶的活性氧化铝、方解石、活性锯屑、镁砂、蛇纹石、磷酸钙、活性土吸附剂、碳、除氟剂，以及其他合成的离子交换树脂。使用最广泛的吸附剂是活性氧化铝和活性炭。活性氧化铝首次提出并用于除氟研究大约是在 1930 年。高度多孔的氧化铝具有很大的比表面积。氧化铝非连续的阳离子晶格赋予局部位置的正电荷。这使得氧化铝可以作为吸附剂吸附许多阴离子物质，并且它对氟化物优先吸附，因此，其在除氟方面用途广泛。活性氧化铝除氟能力随着硬度的增加而降低。由于形成单体氟化铝和铝羟基氟化物复合物，高浓度氟化物增加了氧化铝的溶解度。经确定，除氟氧化铝的最佳 pH 为 5～6。浸入水中的活性氧化铝不收缩、不膨胀、不软化也不崩解，但如果 pH 小于 5.0，会在水中溶解。如果 pH 大于 7.0，硅酸盐和氢氧化物会与氟化物在氧化铝吸附方面激烈竞争，导致吸附能力下降。氯化物不会干扰活性氧化铝对氟化物的吸附。选择活性氧化铝除氟的概率很高，但是其对 pH 影响敏感，在酸性介质中吸附能力较低、结构完整性容易遭受破坏，使得它的使用受到局限。

一般来说，首先用盐酸处理氧化铝，使其呈酸性。但是，这种处理通常在酸性介质 pH 为 5～6 进行，避免 pH 在 5 以下造成对氧化铝的过度溶解。当氧化铝与氟离子接触时，酸性氧化铝的氯离子被氟取代。式（4-3）和式（4-4）分别显示出激活和离子交换过程。

$$Al_2O_3{}^{\Phi}H_2O + HCl \longrightarrow Al_2O_3{}^{\Phi}HCl + H_2O \tag{4-3}$$

$$Al_2O_3{}^{\Phi}HCl + NaF \longrightarrow Al_2O_3{}^{\Phi}HF + NaCl \tag{4-4}$$

（$Al_2O_3{}^{\Phi}$代表活性氧化铝）

吸附剂的再生：将稀释后的氢氧化钠溶液与吸附剂混合，以便获得基本的氧化铝，如式（4-5）所示，接着通过式（4-6）用酸进一步处理。

$$Al_2O_3{}^{\Phi}HF + 2NaOH \longrightarrow Al_2O_3{}^{\Phi}NaOH + NaF + H_2O \tag{4-5}$$

$$Al_2O_3{}^{\Phi}NaOH + 2HCl \longrightarrow Al_2O_3{}^{\Phi}HCl + NaCl + H_2O \tag{4-6}$$

氧化铝再生，产生含有氟化钠的废水需要处理，这成为氧化钠吸附工艺的另一个挑战。吸附用活性炭是另一种有效的技术，然而，成本高以及使用后活性炭的处理限制了其规模的应用。经常会使用颗粒活性炭作为吸附柱，因为其表面没有特定的吸附性质。颗粒活性炭已经成功用于水中除氟，尽管该过程高度依赖于 pH，在 pH 低于 3 时产生最佳结果。这一过程，需要除氟期间降低 pH，而在处理之后人工提高 pH，这限制了该过程的应用。骨炭，它是兽骨在 500～600℃下烧制成炭，其具有异质成分的丰富表面，允许物理吸附、化学吸附或离子交换。物理吸附是包含原子价力（分子间作用力）的吸附，对涉及物种的电子轨道形式不会产生显著的变化。化学吸附，从另一方面也包含同类的原子价力，从而导致化学化合物的形成。

物理吸附、化学吸附和离子交换过程的组合使得骨炭的离子吸收能力，与其他基于吸附的碳相比，例如活性炭和泥炭，成为更好的吸附剂。骨炭已被广泛应用于饮水降氟（Castillo et al.，2007）。它是典型的黑色、粒状和多孔材料，具有57%～80%的磷酸钙[$Ca_3(PO_4)_2$]、6%～10%的碳酸钙（$CaCO_3$）和7%～10%的活性炭。骨炭降氟的主要反应是磷灰石羟基的氟交换，见式（4-7）。

$$Ca_{10}(PO_4)_6(OH)_2 + 2F^- \longrightarrow Ca_{10}(PO_4)_6F_2 + 2OH^- \tag{4-7}$$

骨炭的制备非常重要。如果操作不恰当，兽骨炭化可能会导致除氟能力降低和饮用水感官质量的下降。使用较差的骨炭处理后的饮用水，尝起来和闻起来像腐烂的肉，也是感官上无法接受的。

4.5.2 沉淀—混凝

Nalgonda技术是一种众所周知的沉淀—絮凝除氟方法。在该技术中，周期性地加入批量的硫酸铝和石灰。这些都是除氟过程中共沉淀的化学物质，其反应过程如式（4-8）至式（4-11）所示。

$$Al_2(SO_4)_3 + 6H_2O \longrightarrow 2Al(OH)_3 + 3SO_4^{2-} + 6H^+ \tag{4-8}$$

$$Al_2(OH)_3 + F^- \longrightarrow Al-F\text{复合物} + \text{杂质} \tag{4-9}$$

$$CaO + H_2O \longrightarrow Ca(OH)_2 \tag{4-10}$$

$$3Ca(OH)_2 + 6H^+ \longrightarrow 3Ca^{2+} + 6H_2O \tag{4-11}$$

也可使用其他共沉淀的化学物质，如聚合氯化铝（PAC）、石灰和类似的化合物，每日批量添加到原水中。沉淀技术每天会产生一定量的污泥。

钙与磷酸盐化合物是接触性沉淀经常被填加的物质，其通常加入到催化过滤床的升流中。在接触式沉淀中，不会产生污泥，催化过滤床也不会饱和，只会在其上积累沉淀物。理论上，在含有钙、磷和氟化物的溶液中，可以以氟化钙或者氟磷灰石的形式沉淀。然而在实践中，它在动力学方面是不可行的。动力学反应的速度很慢。沉淀物很容易被作为过滤器的接触床催化。该反应包括氯化钙和磷酸二氢钠的溶解，以及随后氟化钙和氟磷灰石的沉淀。这些关系通过式（4-12）至式（4-15）解释。

$$CaCl_2(aq) \longrightarrow Ca^{2+}(aq) + 2Cl^-(aq) \tag{4-12}$$

$$NaH_2PO_4(aq) \longrightarrow Na^+(aq) + 2H^+(aq) + PO_4^{3-}(aq) \tag{4-13}$$

$$Ca^{2+}(aq) + 2F^-(aq) \longrightarrow CaF_2(s) \tag{4-14}$$

$$10Ca^{2+}(aq) + 6PO_4^{3-}(aq) + 2F^-(aq) \longrightarrow Ca_{10}(PO_4)_6F_2(s) \tag{4-15}$$

未全部饱和的骨炭接触床被用作饱和柱。该饱和柱由粗精木炭或砾石支撑。图4-8显示了 Ngurdoto 的配置。

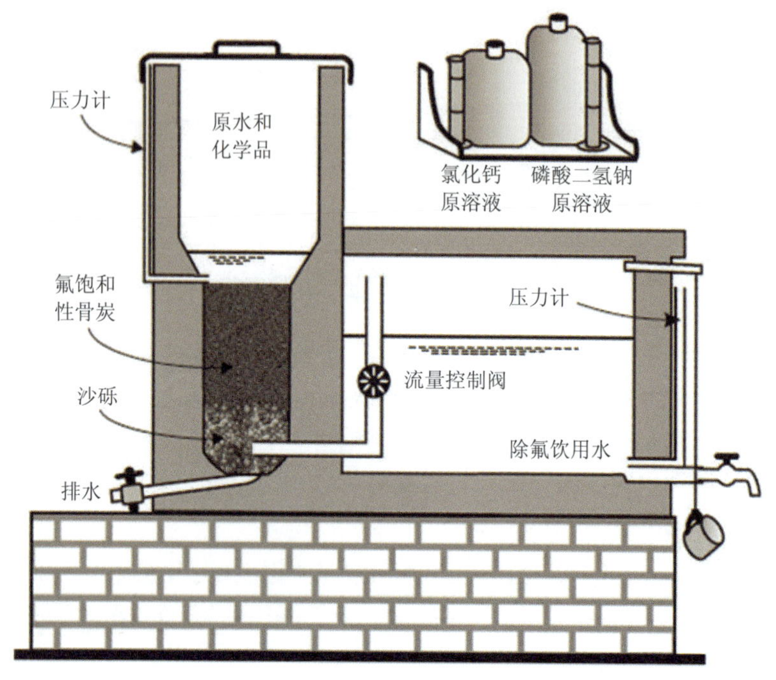

图 4-8 Ngurdoto 创造的接触式氟化物沉淀

建议以月为单位配制化学品，作为原溶液，并按等分使用。在使用之前，不能将两种库存化学品混合，避免产生磷酸钙沉淀。两个特殊的量杯用于化学品的体积配比。建议检查化学品的容重，因为不同品牌的容重可能不同。储存在杰里（Jerry）罐中的原溶液，连同相应的化工袋、量杯和量筒应该分别用红色和绿色标注，以便降低弄混的风险，造成用量不准确。接触式沉淀装置的设计原则很简单，但是其理论背景相当复杂，很大程度上依赖于式（4-14）和式（4-15）所示的反应。但是每个反应发生的程度还不是很清楚。

在氟化钙沉淀中，钙与氟质量比约为 1，相当于 CC/F 的质量比是 4，在氟磷灰石沉淀中，钙与氟的质量比是 11，而 PO_4^{3-}/F 的质量比是 15，相当于 CC/F 的质量比约为 39，MSP 与氟的质量比约为 23。这意味着，氟化钙而非氟磷灰石的氟化物沉淀越多，下层需要的化学品的剂量越少。氟化钙沉淀在氟浓度较高的原水中更占优势。从坦桑尼亚的运营经验来看，那里的氟化物浓度平均为 10 mg/L，当 CC 和 MSP 的剂量比分别为 30 和 15 时，该过程的运作更有效。这个剂量将确保至少 65%的氟磷灰石和多余的钙，将作为氟化钙处理残余的氟化物。

4.5.3　膜滤法

膜滤法工艺是先进的水处理技术之一，主要用于纯水和超纯水的处理。美国环保局在 2003 年建议使用反渗透（RO）作为一种有效的除氟技术。反渗透和纳米过滤（NF）是熟知的膜分离技术，可以从水中去除大多数的污染物，例如病原体、浊度、重金属、盐度、天然及合成的有机物和硬度。这两种工艺都可以有效地除氟，生产出高品质的饮用水，同时在水处理过程中能起到消毒的作用。纳米膜滤法可在较低的压力下操作，并且与反渗透法相比，处理能力较低。另一种膜过滤技术是电渗析。北非的电渗析工厂被用来处理大规模的高氟苦咸饮用水。电渗析类似于反渗透，只是它使用直流电而非压力从水中分离污染物离子。在电渗析过程中，水不需要穿过过滤膜，所以不能去除水中特定的物质。所以从技术角度来讲，电渗析不能称为膜滤法。电渗析处理的水质无法与反渗透相比，并且可能需要处理后的沉淀。当总溶解固体超过 4 000 mg/L 时，使用这种方法处理水源最经济。据证实，反渗透和电渗析具有很高的除氟能力（85%～95%），并且可以在任何 pH 范围内有效地发挥作用。然而，水的损耗很高（电渗析 20%～30%，反渗透 40%～60%），资金成本较高，属于能源密集型技术。膜滤法往往需要特殊的设备、电力以及对操作员的专门培训，所以资本和运营成本都很高。因此，可以想象在发展中国家适用性很低，因为在偏远农村，通常缺乏能源和训练有素的人力资源。

4.5.4 新兴技术

一些新兴的技术采用沉淀、蒸馏或复合工艺，例如，Crystalactor®、Memstill®技术、WaterPyramid®解决方案和太阳能露水收集系统。Crystalactor®是由 DHV 在荷兰研发。它是一个使用流化床的沉淀反应器。反应器在除氟的同时，伴随形成直径为 1 mm 的氟化钙颗粒。Crystalactor®采用接触式沉淀具有以下优势：安装紧凑、产生高纯度可以使用的氟化钙颗粒，并且颗粒中水分含量非常低（水分在 5%～10%）。据估计，这项技术的成本大约是常规沉淀技术的 1/4。该技术仅适用于高氟水（＞10 mg/L）的处理，如需达到 1 mg/L 的浓度，通常需要二次处理。荷兰的应用科学研究组织（TNO）开发出一个基于蒸馏概念的过滤膜，Memstill®技术（图 4-9）将现有的技术应用于咸水和海水淡化方面。该技术还可以清除其他阴离子，例如氟和砷。在 Memstill®技术中，冷的进水吸收水蒸气絮凝散发的热量，然后再利用废热稍微加热一下，水流通过膜通道回流。水作为冷凝水排出。将冷盐水处理，或者通过其他的模块浓缩。Memstill®技术的成本远低于当前其他的技术，例如反渗透和蒸馏法。预计Memstill®技术也将利用太阳能进行小规模的开发利用。

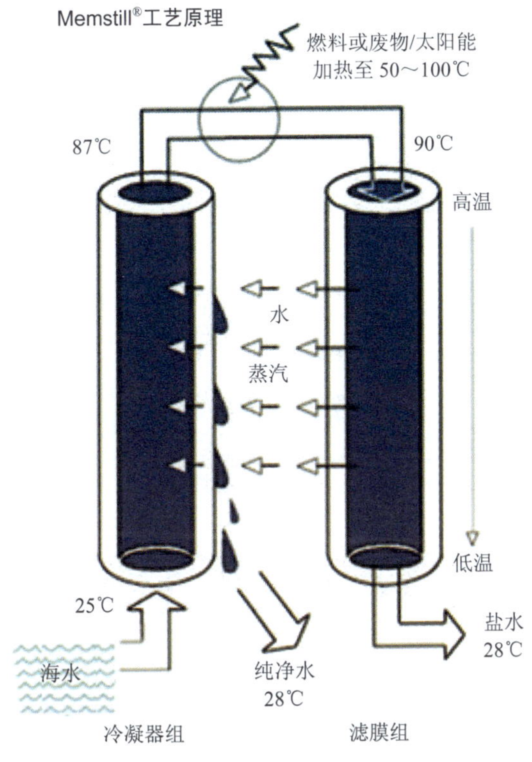

图 4-9　Memstill® 技术

为热带的农村地区开发的水金字塔®，采用太阳能，从盐水、半咸水或污水中生产饮用水，见图 4-10。该技术还可以消除氟化物。总面积为 600 m^2 的水金字塔，放置在有利的热带环境下，每天可以生产约 1 250 L 淡水。产量取决于当地大气条件，如气候、温度、云层覆盖和风沙活动。咸水淡化过程以及为水金字塔®提供压力所需的能源由太阳能供给，并配备电池应急系统。可能需要小型发电机，以满足间歇性的电力高峰需求。

图 4-10　水金字塔®

类似水金字塔的另一种技术是太阳能露水系统，见图 4-11。这是一个利用太阳能净化水的多孔膜。在该技术中，通过多孔膜的水在膜表面产生水珠并蒸发。这将增加蒸发室的湿度。由于温差，该系统较冷的表面将凝结产生纯水。

拉森和皮尔斯在 2002 年，提出将磷酸氢钙（$CaHPO_4 \cdot 2H_2O$）和方解石（$CaCO_3$）在含氟化物的水中煮沸去除氟化物的方法。实验室规模的操作获得了很好的结果。拉森和皮尔斯认为，在含氟水中，沸腾的磷酸氢钙及方解石会产生氟磷灰石，从而去除水中的氟化物。

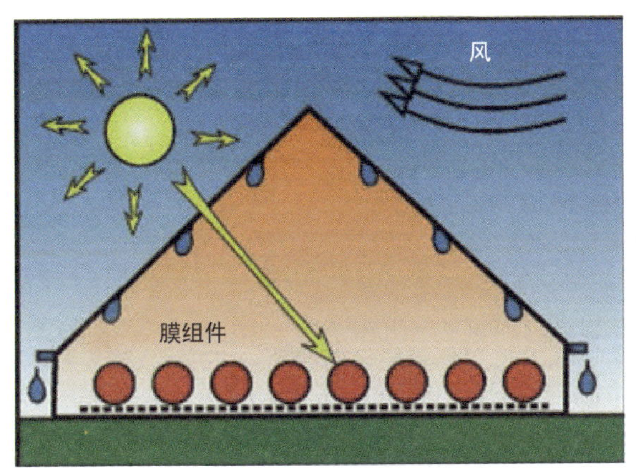

图 4-11　太阳能露水收集系统

4.6　非洲东部和南部对氟中毒及饮水除氟的研究

本地区的研究在坦桑尼亚的恩格尔多托除氟研究站进行，研究采用了不同批次的材料和不同的固定床配置。马拉维的研究在马拉维大学校长学院进行。骨炭、铝土矿、石膏、菱镁矿等材料都被用于除氟试验。

4.6.1　坦桑尼亚的饮水除氟研究

饮水除氟的研究已经采用了许多材料，其中包括铝土矿、石膏、菱镁矿和含有其成分的过滤器、氯化钙（$CaCl_2$）和作为接触式沉淀的共沉淀试剂的磷酸二氢钠（NaH_2PO_4），用在实验室和固定床中的牛骨炭、鱼骨、活性炭以及活性炭与铝土矿、菱镁矿、碳酸钙分别被作为滤床的材料。

采用铝土矿、石膏和菱镁矿除氟的研究，集中于 3 种材料混合技术的开发，以便去除单一材料对水质的负面影响。测试的铝土矿、石膏和菱镁矿的复合材料的质量比分别为 1∶2∶3，而且这种复合材料随着比例数字的顺序变化，将构成 6 种复合材料。并且测试了 150～500℃的煅烧温度，比较了批次和固定床的设置。研究结果表明，3∶2∶1（铝土矿、石膏、菱镁矿的质量比）的固定床配置，煅烧温度为 200℃，可以获得最佳水质。该研究的水质参数包括 pH、碱度、外观颜色、F^-、Cl^-、SO_4^{2-}、Ca^{2+}、Mg^{2+}、Fe^{2+}、Al^{3+}离子浓度和硬度。世界卫生组织（WHO）建议的范围被用作基准点。表 4-7 说明了该研究解决的问题以及潜在的解决方案。

表 4-7 恩格尔多托在铝土矿、石膏和菱镁矿除氟研究中的发现

材料	难题	结果	解决方案
铝土矿	在原水中使用，处理后的水浊度很高，在 1NTU 以上	当在 200℃以上煅烧，并使用固定床，浊度降低至 1NTU 以下	可以在固定床上，在 200 ℃的温度下煅烧，从而减少浊度
	残留色，超过 50TCU	铝土矿、石膏和菱镁矿的比例为 3∶2∶1，在 200℃的固定床上煅烧，颜色降至 50TCU 以下	以这一比例整合材料，并在 200℃的温度下煅烧，采用固定床
	残留的 Al^{3+}超过 0.2 mg/L	铝土矿、石膏和菱镁矿的比例为 3∶2∶1，在 200℃的固定床上煅烧，在固定床上获得的 Al^{3+}低于 0.2 mg/L	同上

材料	难题	结果	解决方案
石膏	残留硬度超过 500 mg/L，例如 $CaCO_3$	铝土矿、石膏和菱镁矿的比例为 3∶2∶1，在 200℃的固定床上煅烧，在固定床上获得的硬度低于 500 mg/L，例如 $CaCO_3$	同上
	SO_4^{2-}残留浓度高，超过 400 mg/L	石膏在 400℃煅烧，得到残留的硫酸盐低于 100 mg/L，3∶2∶1 的复合材料在 200℃的固定床上煅烧，获得类似结果以及更高的加载能力	可以采用煅烧后的石膏，但是复合材料加载能力更高，所以最好选择复合材料
菱镁矿	残余 pH 高于 8.5	上述复合材料获得的 pH 为 6.7～8.0	可以使用复合材料代替菱镁矿

从坦桑尼亚 Lushotho 地区 Kwemashai 获得的铝土矿的主要成分是氧化铝（30.33%）、二氧化硅（15.00%）和 Fe_2O_3（14.30%）。众所周知，铝土矿的除氟主要取决于氧化铝的反应。铝的氧化物是两性的，在式（4-16）和式（4-17）中分别代表碱性和酸性发生反应。

$$Al_2O_3(s)+6H_3O^+(aq)+3H_2O(l)\longrightarrow 2[Al(OH_2)_6]^{3+}(aq) \quad (4\text{-}16)$$

$$Al_2O_3(s)+2OH^-(aq)+3H_2O(l)\longrightarrow 2[Al(OH)_4]^-(aq) \quad (4\text{-}17)$$

铝土矿的除氟能力随着介质中 pH 的增加而下降，其结果归因于产生了带负电荷的物质，导致氧化铝的酸性反应不占优势，如式（4-17）所示。带负电荷的物质实际上会延缓氟的吸附。在式（4-16）中，较低的 pH 介质形成带正电的物质，加强了氟化物的吸附作用，氟化物是一种阴离子。恩格尔多托研究室还研究了接触式氟沉淀技术。该技术采用氯化钙和磷酸二氢钠。该技术在坦桑尼亚得到很好的证明，家庭利用骨炭作为固定床。恩格尔多托研究站的设计配置如图 4-12 所示。

图 4-12　平均及低收入家庭使用的家庭除氟装置，其中采用恩格尔多托研究站开发的骨炭

固定床除氟饱和柱也已规模化，特别是靠近恩格尔多托除氟站的阿鲁沙国家公园开始使用，如图 4-13 所示。收集干净的生牛骨，在特殊设计的窑炉中以 500～550℃焦化，并控制空气供给，如图 4-14 将烧焦的骨炭粉碎成 0.5～3 mm 直径的颗粒。该骨炭具有很高的吸附能力，但是随着时间的推移会逐渐饱和。阿鲁沙周边的一般做法就是，当出水的氟离子浓度达到 2 mg/L 时（荷兰海牙国际参考中心（IRC）允许的最大限额）更换介质。从一个典型的使用骨炭的住户单元得到的结果如图 4-15 所示。该图表明，原水氟化物含量为 10 mg/L，可以处理 1 300 L 出水氟含量低于 2 mg/L 的水。而在本次

调查中，所用骨炭的质量为 4 kg。基于每家每天使用 20 L 的处理水计算，4 kg 骨炭处理的水可供家庭使用 65 d。一个家庭一年需要 20～25 kg 的骨炭。

图 4-13　恩格尔多托除氟研究站设计的不完整及完整的社区除氟装置

图 4-14　恩格尔多托除氟研究站开发的不同尺寸的骨头炭化炉

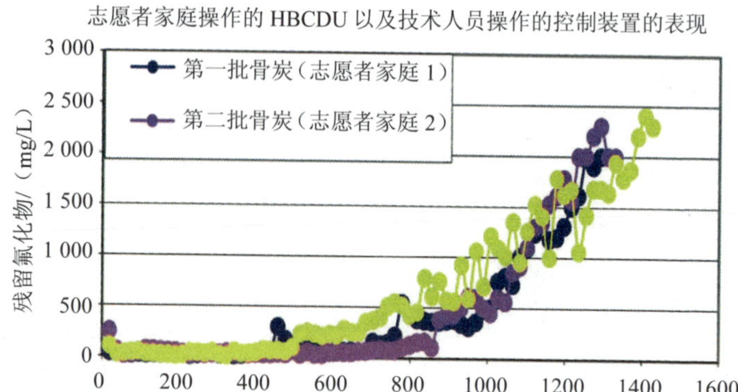

资料来源：恩格尔多托研究站开发报告，2010年。

图4-15　家用饱和柱处理后的水的氟化物残留值

调查表明，初始氟浓度越高，骨炭的消耗量越快，骨炭的数量越小，消耗速度越快。与实验室测试的结果相比，固定除氟床效果更好。

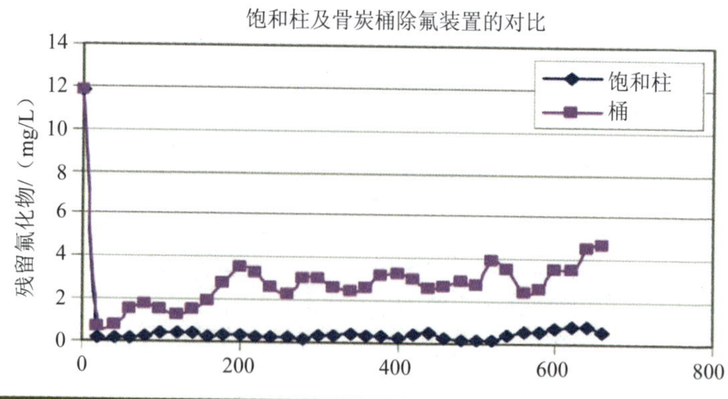

图4-16　饱和柱及骨炭桶除氟得到的氟化物残留值

4.6.2　马拉维的饮水除氟研究

在马拉维的饮水除氟研究中，铝土矿、石膏、黏土、合成和天然羟基磷灰石（HAP）等材料均已经过测试。石膏来源于马拉维多瓦地区的 Mponela 村。铝土矿来自马拉维姆兰杰的姆兰杰山。天然羟基磷灰石来源于马拉维的法隆贝地区。黏土来源于马拉维的奇拉朱卢地区的Namadzi。这些材料在200～600℃的各种温度下煅烧2 h。在 200℃下煅烧时，铝土矿获得最高吸附能力（3.05 mg/g）；在 400℃煅烧时，石膏获得最高吸附能力（2.17 mg/g）；在 300℃煅烧时，黏土获得最高吸附能力（2.15 mg/g）。合成羟基磷灰石的吸附能力是1.70 mg/g。合成羟基磷灰石的制备：在 CaO 的水悬浮液中，控制性地添加 98%的 H_3PO_4，并定期添加 50%的氨水。然后去除上清液，在 60℃下干燥剩余的沉淀物一整夜。然后在 1 100℃将产物进行烧结。因此，合成羟基磷灰石不用煅烧，因为其是在高温下制备的。天然磷灰石引入更多的氟化物到水中，残留的氟化物为 8.0～9.65 mg/L。X-射线衍射（XRD）显示出的组合物特征如表 4-8 所示。

表 4-8　马拉维试验过的铝土矿、石膏、黏土、合成及天然 HAP 中的主要成分

原材料	根据 JCPDS 主要化合物成分
铝土矿	$Al_2Si_2O_5(OH)_4$
石膏	$CaSO_4 \cdot 2H_2O$
黏土	
合成 HAP	$Ca_5(PO_4)_3OH$
天然 HAP	$Ca_5(PO_4)_2CO_3(OH)F$、$Ca_5Al_2(OH)_4Si_3O1_2$、$Ca_5(PO_4)_3F$

天然羟基磷灰石含有氟化物，这是其充当加氟剂的原因。该研究还表明，原水中的初始氟化物含量影响测试材料的除氟能力。碳酸盐和氯化物含量较高，降低了除氟吸附能力，而钙初始浓度较高会增强铝土矿的除氟能力。在石膏除氟过程中，碳酸盐、硝酸盐及氯化物离子的初始浓度较高，对氟化物的吸附能力下降。磷化物和氯化物也会干扰合成羟基磷灰石吸附氟化物。

4.7 除氟技术概述

表 4-9 显示出使用不同材料典型的除氟效果及局限性。相关技术的原理在表中做了简要概括并总结了已被广泛证明的除氟技术。

表 4-9 不同材料的除氟效果比较

技术/材料	典型能力/（mg/g）	原理	优势	局限性
活性氧化铝	3.5～10.0	包括氧化铝及 F^- 的沉淀	对氟化物具有较高的选择性	降低水的 pH，残余 Al^{3+}
Nalgonda	0.7～3.7	明矾、硫酸铝以及石灰（CaO）的反应	普通水处理使用相同的化学物质	化学剂量高，需要处理更多的污泥
骨炭	2.3～4.7	$Ca_5(PO_4)_3OH$ 结构中过滤并进行离子交换	原材料的可用性	不被普遍接受
铝土矿	3.0～8.9	包括氧化铝和 F^- 以及其他氧化物的沉淀，例如 Fe_2O_3	在某些区域可用，处理能力强	如果使用原水，存在颜色和浊度残留
石膏	1.1～6.8	包括 $CaSO_4$ 和 F^- 以及其他化合物，例如 $Ca(OH)_2$ 的离子交换	某些区域可用	硫酸钙残留值高

技术/材料	典型能力/（mg/g）	原理	优势	局限性
菱镁矿	1.0～3.7	包括 MgO 和 F^-，以及其他化合物，例如 $Mg(OH)_2$ 的离子交换和沉淀	技术简单，在某些地区可以使用	pH 高，镁残留
HAP	0.5～2.9	包括 $Ca_5(PO_4)_3OH$ 和 F^-，以及其他化合物，例如 $Ca_5H(PO_4)_3(OH)_2$ 的离子交换和沉淀	在某些地区可用	磷酸盐残留
铝土矿、石膏及菱镁矿的复合材料	4.2～11.3	Al_2O_3、$CaSO_4$、$MgCO_3$ 和 MgO 反应中离子交换和沉淀	简单、通用，比单一材料好用	能源密集型，相当于新的技术
沸石	28～41	离子交换和表面配位反应	处理能力强	可用局限性
其他先进技术	高	纳米过滤、反渗透、蒸馏、沉淀、电渗析	处理能力非常强	成本高，需要特殊培训

4.8　结论

当饮用水中的氟化物含量高时可能会导致氟中毒，目前存在广泛的除氟技术及材料可供选择。但是限制饮用水中氟的浓度必须符合当地每天的温度、饮食习惯、自然和活动水平。技术的选择取决于所需因素的适用性，例如可用的材料、成本、除氟水平以及技术复杂性。在非洲东部和南部，在选择处理材料时，天然材料如骨头、石灰石（$CaCO_3$）、明矾（Al_2SO_4）、铝土矿、石膏、菱镁矿以及其他与氟具有亲和力的材料，应当优先被考虑。现有技术的采用和改动需要对当地情况进行研究，因为当地社会、经济、宗教以及传统的地位和规范不同。因此基本水平的研究至关重要，以便确定干预技术的适用性。

致谢

作者感谢化学科学国际计划（IPICS）对其在马拉维研究的支持（2002—2005 年）、以及马拉维政府为其在坦桑尼亚的研究（2009—2013 年）提供的资金支持，及马拉维大学和达累斯萨拉姆大学以及恩格尔多托除氟研究站提供的指导、材料、技术及道义上的支持。

作者详细信息

Bernard Thole

马拉维，马拉维大学布兰太尔，理工学院物理及生化科学系

参考文献

[1] Ansari M, Kazemipour M, Dehghani M, Kazemipour M. The defluoridation of drinking water using multiwalled carbon nanotubes. Journal of Fluorine Chemistry 2011; DOI: 10.1016/j.jfluchem.2011.05.008.

[2] Thole B. Defluoridation kinetics of 200 ^{O}C calcined bauxite, gypsum, and magnesite and breakthrough characteristics of their composite filter. Journal of Fluorine Chemistry 2011; 132, 529-535.

[3] J. Fawell, K. Bailey, J. Chilton, E. Dahi, L. Fewtrell L, Magara Y., editors. Fluoride in Drinking-water. World Health Organization. London: IWA Publishing; 2006.

[4] Sajidu SM, Masumbu FFF, Fabiano E. Ngongondo C. Drinking water quality and identification of fluoritic areas in Machinga, Malawi. Malawi Journal of Science and Technology 2007; 8, 042-056.

[5] Msonda KWM, Masamba WRL, Fabiano E. A study of fluoride ground water occurrence in Nathenje, Lilongwe, Malawi. Physics and Chemistry of the Earth, Parts A/B/C 2007; 32 (15-18) 1178-1184.

[6] Grobler SR, Louw AJ, van Kotze TJ. Dental fluorosis and caries experience in relation to three different drinking water fluoride levels in South Africa. International Journal of Paediatric Dentistry 2001; 11 (5) 372-379.

[7] Mjengera H, Mkongo G. Appropriate defluoridation technology for use in fluoritic areas in Tanzania. Physics and Chemistry of the Earth 2003; 28, 1097-1104.

[8] Williamson, MM. Endemic dental fluorosis in Kenya a preliminary report. The East African Medical Journal 1953; 30 (6) 217-233.

[9] Dean HT, Dixon RM, Cohen C. Mottled enamel in Texas. Public Health Reports 1935; 50 (13) 424-442.

[10] United States Public Health Services. PHS Review of Fluoride: Benefits and Risks: Report of Ad Hoc Subcommittee on Fluoride. Committee to Coordinate Environmental Health and Related Programs 1991; US Public Health Service.

[11] Brunt R, Vasak L, Griffioen J. Fluoride in groundwater: Probability of occurrence of excessive concentration on global scale. Report SP 2004-2 2004; International Groundwater Resources Assessment Centre (IGRAC).

[12] Nair KR, Manji F. Endemic fluorosis in deciduous dentition A study of 1276 children in typically high fluoride area (Kiambu) in Kenya. Odonto-Stomatologie Tropicale 1982; 4, 177-184.

[13] Sajidu SMI, Masamba WRL, Thole B, Mwatseteza JF. Ground water fluoride levels in villages of Southern Malawi and removal studies using bauxite. International Journal of Physical Sciences 2008; 3001-3011.

[14] Thole B. Water defluoridation with Malawi bauxite, gypsum and synthetic hydroxyapatite, bone and clay: Effects of pH, temperature, sulphate, chloride,

phosphate, nitrate, carbonate, sodium, potassium and calcium ions. MSc thesis. University of Malawi; 2005.

[15] Masamba WRL, Sajidu SM, Thole B, Mwatseteza JF. Water defluoridation using Malawi's locally sourced gypsum. Physics and Chemistry of the Earth 2005; 30, 846-849.

[16] Carter GS, Bennet JD. The Geology and Mineral Resources of Malawi. Zomba: Government print; 1973.

[17] Chikte UM, Louw AJ, Stander I. Perceptions of fluorosis in Northern Cape communities. Journal of the South African Dental Association 2001; 56 (11) 528-532.

[18] McCaffrey LP, Willis JP. Distribution and origin of fluoride in rural drinking water supplies in the Western Bushveld Areas of South Africa. In: 4th International Symposium on Environmental Geochemistry 1997, 62; 1997.

[19] Mauguhan-Brown H. Our Land. Is our population satisfactory? The results of inspection of school ages. South African Medical Journal 1935; 9, 822.

[20] Shrivastava KB, Vani A. Comparative Study of Defluoridation Technologies in India. Asian Journal of Experimental Science 2009; 23 (1) 269-274.

[21] Wang Y, Reardon EJ. Activation and regeneration of a soil sorbent for defluoridation of drinking water. Applied Geochemistry 2001; 16, 531-539.

[22] Singh R, Maheshwari RC. Defluoridation of drinking water - a review. Indian Journal Environmental Protection 2001; 21 (11) 983-991.

[23] Raichur AM, Basu MJ. Adsorption of fluoride onto mixed rare earth oxides. Separation and Purification Technology 2001; 24, 121-127.

[24] Bulusu KR, Pathak BN. Discussion on water defluoridation with activated alumina. Journal of Environmental Engineering Division 1980; 106 (2) 466-469.

[25] George S, Pandit P, Gupta AB. Residual aluminium in water defluoridated using activated alumina adsorption-modeling and simulation studies. Water Research 2010; 44, (10) 3055-3064.

[26] Ong ST, Keng PS, Lee SL, Leong MH, Hung YT. Equilibrium studies for the removal of basic dye by sunflower seed husk (Helianthus annuus).

International Journal of the Physical Sciences 2010: 5, (8) 1270-1276.

[27] Ko DCK, Lee VCK, John F, Porter JF, McKay G. Improved design and optimization models for the fixed bed adsorption of acid dye and zinc ions from effluents. Journal of Chemical Technology and Biotechnology 2002; 77, 1289-1295.

[28] Meenakshi R, Maheshwari C. Fluoride in drinking water and its removal. Journal of Hazardous Materials 2006; B137, 456 - 463.

[29] Lee VKC, Porter JF, Mckay G. Modified design model for the adsorption of dye onto peat. Institution of Chemical Engineers Part C Food and Bioproducts Processing 2001; 79 (C1) 21-26.

[30] McKay G, Bino MJ. Adsorption of pollutions onto activated carbon in fixed beds. Water Air Soil Pollution 1990; 51, 33-41.

[31] Castillo NAM, Ramos RL, Perez RO., Garcia de la Cruz RF, Aragon-Pin˜ a A, Martinez-Rosales JM, Guerrero-Coronado RM, Fuentes-Rubio L. Adsorption of Fluoridefrom Water Solution on Bone Char. Industrial Engineering Chemistry Research 2007; 46, 9205-9212.

[32] Bregnhøj H, Dahi E, Jensen M. Modeling defluoridation of water in bone char columns. In: Proceedings of the First International Workshop on Fluorosis and Defluoridation of Water 18-22 October 1995, Tanzania, The International Society for Fluoride Research, Auckland 1997.

[33] Dahi E. Contact precipitation for defluoridation of water. Paper presented at 22nd WEDC Conference, New Delhi, 9-13 September, WEDC 1996.

[34] Dahi E. Small community plants for low cost defluoridation of water by contact precipitation. In: Proceedings of the 2nd International Workshop on Fluorosis and Defluoridation of Water. Nazareth, 19-22 November 1997, The International Society for Fluoride Research, Auckland 1998.

[35] US EPA. Water Treatment Technology Feasibility Support Document for Chemical contaminants. EPA-815-R-03-004, EPA 2003.

[36] Dysart A. Investigation of Defluoridation Options for Rural and Remote Communities. Research Report No 41, The Cooperative Research Centre for Water Quality and Treatment, Salisbury SA 5108, AUSTRALIA 2008.

[37] Zakia A, Bernard B, Nabil M, Mohamed T, Stephan N, Azzedine E. Fluoride removal from brackish water by electrodialysis. Desalination 2001; 133, 215 - 233.

[38] Giesen A. Fluoride removal at low costs. European Semiconductor 1998; 20 (4) 103-105.

[39] Hanemaaijer JH, van Medevoort J, Jansen A, van Sonsbeek E, Hylkema H, Biemans R., Nelemans B, Stikker A. Memstill Membrane Distillation: A near future technology for sea water desalination, Paper presented at the International Desalination Conference, June 2007, Aruba.

[40] Aqua-Aero WaterSystems WaterPyramid 2007. http://www.waterpyramid.nl (accessed 21 August 2011).

[41] Solar Dew The Solar Dew Collector Sytem 2007. http://www.solardew.com/index2.html (Accessed 26 July 2011).

[42] Larsen MJ, Pearce EIF. Defluoridation of Drinking Water by Boiling with Brushite and Calcite. Caries Research 2002; 36, 341-346.

[43] Melisa J. Defluoridation of drinking water by adsorption of fishbone. MSc thesis. University of Dar es Salaaam, Tanzania 2001.

[44] Bablia K. Studies of water defluoridation using activated carbons and activated carbons loaded separately with Magnesia, Alumina and Calcium. MSc Thesis. Univesrity of Dar es Salaam, Tanzania 1996.

[45] Singano JJ. Investigation of the mechanisms of defluoridation of drinking water using locally available magnesite. PhD thesis. University of Dar es Salaam, Tanzania 2000.

[46] Thole B, Mtalo FW, Masamba WRL. Effect of particle size on loading capacity and water quality in water defluoridation with 200°C calcined bauxite, gypsum, magnesite and their composite filter. African Journal of Pure and Applied Chemistry 2012; 6 (2) 26-34.

[47] Thole B, Mtalo FW, Masamba WRL. Water Defluoridation with 150 - 300 ^{0}C Calcined Bauxite-Gypsum-Magnesite Composite (B-G-Mc) filters. Water Resources Management VI, Wit Transactions on Ecology and Environment. 2011; 145, 383 - 393.

[48] WHO. Guidelines for Drinking-water Quality, 4th Ed., World Health Organisation: Geneva; 2011.

[49] Rahman FF, Bonfield W, Cameron RE, Patel MP. Water uptake of polyethylmethacrylate/tetrahydrofuryl metacrylate polymer systems modified with tricalcium phosphate and hydroxyapatite. Royal London School of Medicine and Dentistry, Queen Mary, University of London: London; 1997.

[50] Joint Committee on Powder Diffraction Standards (JCPDS). International Centre for Diffraction Data: Japan; 1997.

第5章

印度达德干咖流域上下游水质参数监测

摩德·伊克巴尔

5.1 引言

水对所有生物的生存至关重要。水的质量是人类最关注的，因为其直接与人类福祉联系在一起。在印度，大部分人以地表水为饮用水的唯一来源。地下水被认为较为清洁，因为不会受到类如地表水的污染。但是工业废水、生活污水的长期排放，以及固体废物的倾倒污染了地下水，并因而产生健康问题。地表水的水质问题在人口稠密的地区更加严重。由于资源的过度开发以及废物的不当处理，城市区域的快速扩张进一步影响了地下水的水质。因此，需要对地表水和地下水水质的保护和管理加以关注。考虑到以上各个方面的水污染，开展本研究旨在调查影响地表水水质的各种可能因素。在克什米尔，大部分人口依赖地表水，并作为唯一的饮用水来源。因此，在本章中，将尝试评估印度克什米尔山谷达德干咖流域达德干咖河流地表水的物理和化学属性。

查谟和克什米尔的达德干咖流域（图 5-1）位于印度北部，在北纬 34°42′—34°50′、东经 74°24′—74°54′，面积为 660 km^2。该区域包含各种地形，海拔在 1 610～4 700 m。从西南至东北，该区域包括高挺的皮尔潘甲尔山和平顶的卡尔韦里，分别是山地和平原地形。皮尔潘甲尔山山脉在南部和西南部覆盖克什米尔山谷，并将它与查谟分开。该区域的土壤类型包括炉拇土、卡尔韦里土以及贫瘠的山地土壤。该区域的排水非常重要因为大部分排水流入基拉姆河。达德干咖是基拉姆河重要的支流，发源于塔塔库堤山。文献调查显示，至今为止不存在对该水源的水质管理调查。因此，计划并实施当前的研究非常有必要。

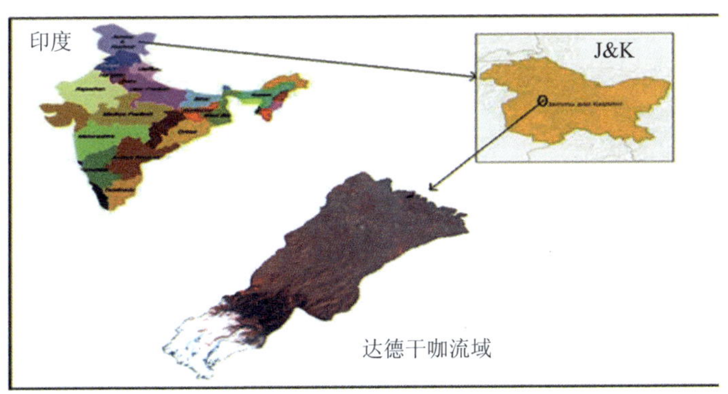

图 5-1　印度达德干咖流域的地理位置

5.2　方法及材料

本研究计划并将在以下采样地点实施。

表 5-1 采样地点

采样点编号	采样点名称	纬度和经度	海拔/m
S1（森林区域）	布拉维尔	33°50′37.3″N 74°39′21.3″E	2 278
S2（城市中心）	巴祖拉 • 巴加特	34°03′00.0″N 74°48′00.6″E	1 605

5.2.1 水样的制备

在上午 9:00—11:00 从所有地点采集水样进行物理-化学检测，基于标准程序采用不同的收集和处理方法。水样小心收集在带有瓶塞的无菌玻璃容器中（容量大约为 1 000 ml），深度为 15cm，没有任何气泡。仪器都经过校准。在现场采用便携式 pH 测量仪测量出两个地点的 pH。在采样地点采集水样的时间是 2011 年 5—7 月。

5.2.2 理化分析

使用标准方法对以下水质参数进行分析：pH、电导率（EC）、溶解氧（DO）、游离二氧化碳、总碱度（TA）、总硬度（TH）、钙硬度、钙含量、氯化物、硝酸根、亚硝酸根、硫酸根、磷酸根、正磷硅酸盐、TDS 以及氨。

5.2.3 统计分析

使用 SPSS 软件对样品的线性相关性进行了分析，找出两个采样点的相关性（布拉维尔和巴祖拉 • 巴加特）。

5.3　结果与讨论

水样物理、化学参数的平均结果列于表 5-2，从中可以看出水质在恶化。

表 5-2　水样的理化参数平均值

参数/采样地点	布拉维尔（上游）	巴祖拉·巴加特（下游）	平均值	标准偏差
溶解氧（*X*1）/（mg/L）	12.25	5	8.625	5.127
二氧化碳（*X*2）/（mg/L）	3.17	12.31	7.74	6.463
亚硝酸盐（*X*3）/（μg/L）	0.05	18.73	9.388 8	13.21
氨（*X*4）/（μg/L）	7.0	400	203.85	278.4
磷酸盐（*X*5）/（μg/L）	62.37	155	108.69	65.5
氯化物（*X*6）/（mg/L）	2.73	12.56	7.648 8	6.946
pH（*X*7）	7.52	7.1	7.31	0.297
总硬度（*X*8）/（mg/L）	85.5	280	182.75	137.5
钙硬度（*X*9）/（mg/L）	22.25	68.66	45.455	32.82
钙含量（*X*10）/（mg/L）	8.64	64.53	36.585	39.52
碱浓度（*X*11）/（mg/L）	55.5	83.11	69.305	19.52
电导率（*X*12）/（μS/cm）	37.25	300.23	168.74	186
硝酸盐（*X*13）/（mg/L）	0.15	0.99	0.572 1	0.588
硫酸盐（*X*14）/（mg/L）	1.62	7.56	4.592 5	4.197
正磷酸盐（*X*15）/（μg/L）	32.375	120.25	76.313	62.14
硅酸盐（*X*16）/（mg/L）	1.75	4.625	3.187 5	2.033
TDS（*X*17）/（mg/L）	22.35	180.138	101.23	111.6

5.3.1 pH

pH 是广泛使用表示溶液酸碱情况的一项指标。大部分水质呈现微碱性，由于碳酸盐及碳酸氢盐的存在，水样的 pH 为 7.52～7.1，属于世界卫生组织规定的范围。

5.3.2 电导率

电导率是衡量水传输电流的指标。这一指标代表总溶解盐的含量。电导率值为 37.25～300.23 μS/cm。采样点巴祖拉・巴加特的电导率很高，表示存在大量以离子形式存在的溶解无机物质。

5.3.3 溶解氧

溶解氧是评估水质的一项重要参数，可以反映当时水中的物理和生物过程。溶解氧的数值显示水体中的污染程度。溶解氧的数值为 5～12.25 mg/L。采样点巴祖拉・巴加特的溶解氧数值较低，表示有机物污染较严重。

5.3.4 游离二氧化碳

游离二氧化碳来源于空气、藻类的呼吸作用和有机物的分解。游离二氧化碳在采样地点 1 和地点 2 的范围为 3.17～12.31 mg/L。这一结果显示出达德干咖河流地点 2 存在污水。

5.3.5　总碱度

水中的碱度代表其中和强酸的能力，通常是因为存在碳酸氢盐、碳酸盐和钙以及钠和钾的碳氢化物。所有调查样品的总碱度值均在世界卫生组织规定的范围之内。

5.3.6　总硬度

硬度会阻止肥皂泡沫形成并提高水的沸点。水的硬度取决于钙或镁盐，或者两者的含量。硬度值的显示范围为 85.5～280 mg/L。所有样品均在规定的范围之内。

5.3.7　钙硬度和钙含量

钙与硬度直接相关。钙硬度为 22.25～68.86 mg/L，钙含量为 8.64～64.53 mg/L，属于世界卫生组织规定的范围。

5.3.8　氯化物

氯化物浓度是污水污染的指标。在当前分析中，氯化物的浓度为 2.73～12.56 mg/L。该值在规定的范围之内。从布拉维尔河流到巴祖拉·巴加特河流的长度约为 30 km 比较短。因此，即使一个地点的氯化物浓度比另一个地点高 5 mg/L，也可能怀疑是由于存在污水排放引起的。

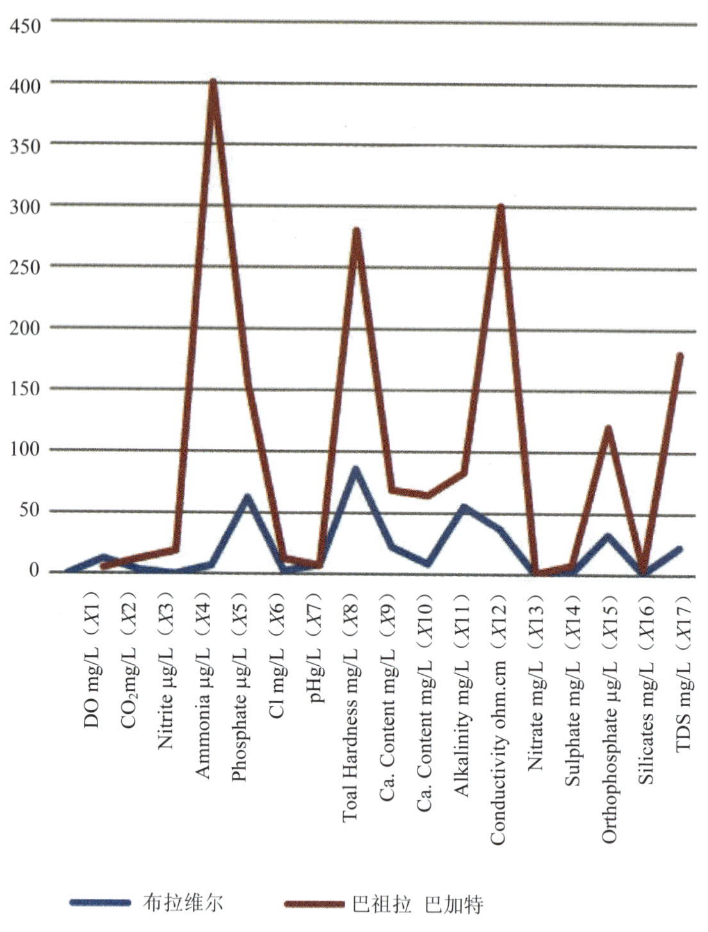

图 5-2 水质参数

5.3.9 亚硝酸盐

亚硝酸盐的浓度一般极低，即使在垃圾处理厂的渗滤液中也相对较低，主要是因为亚硝酸盐容易被还原为氨（NH_3）或者氧化为硝酸盐（NO_3^-）。因为亚硝酸盐是氨与硝酸盐反应的中间产物，这种氧化可以在土壤中进行，并且污水中富含氨氮，所以含有亚硝酸盐较多的水会被高度怀疑为被污染了。在未受污染的水中含量通常很低，在 0.03 mg/L 以下，受到污染的水可能更高一些。在本研究中，其范围在 0.05～18.73 μg/L。

5.3.10　硝酸盐

地表水含有硝酸盐是因为渗漏的水对土壤中硝酸盐的淋洗产生的。地表水还可能受到污水以及其他富含硝酸盐的废物的污染。在本研究区域，硝酸盐浓度范围是 0.15～0.99 mg/L，属于规定的范围之内。

5.3.11　硫酸盐

由于石膏和其他常见矿物的浸出，硫酸盐天然存在于水中。工业废水及生活污水往往会增加其浓度。本研究中，硫酸盐浓度范围是 1.62～7.56 mg/L，符合规定的要求。

5.3.12　磷酸盐

磷酸盐可能由于生活污水、洗涤剂、带有化肥的农业废水以及工业废水进入地下水。在本研究区域，磷酸盐含量为 62.37～155 μg/L，符合规定的范围。

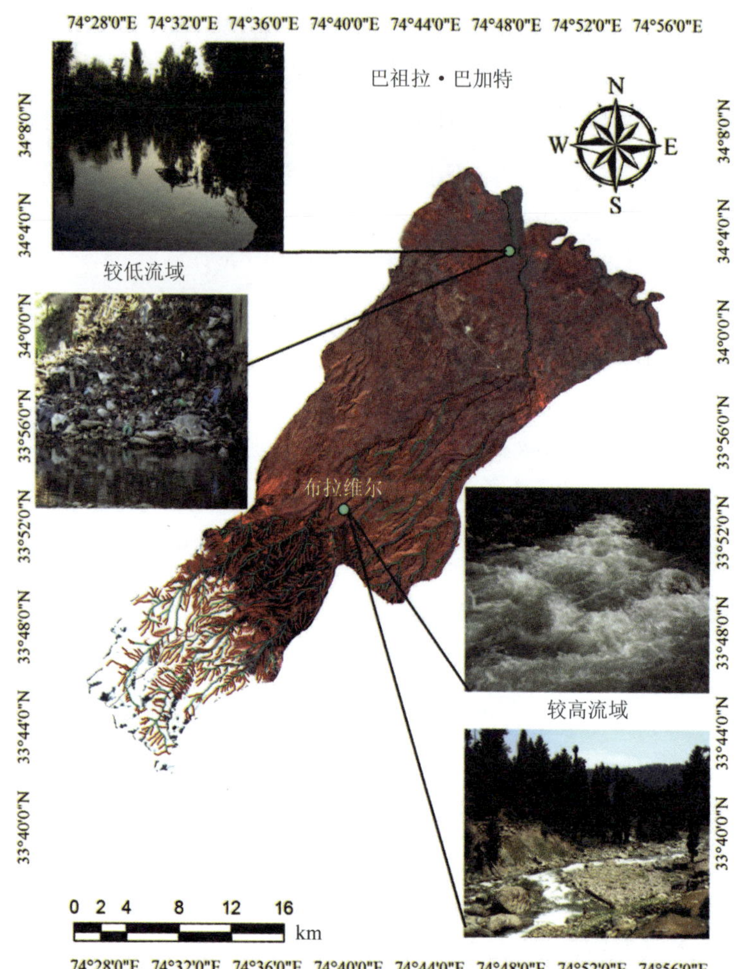

图 5-3　印度达德干咖流域上、下游采样点的位置

5.3.13　氨

氨一般天然存在于水中，虽然量很小，这是由于微生物活动导致含氮化合物减少的结果。如果含量在 0.1 mg/L 以上，可以表明存在污水或工业污染。在当前的研究中，地点 1 和地点 2 的含氨量为 7～400 μg/L。

5.3.14　统计分析

对两个采样点之间互相关系的研究，是促进研究、打开新的知识领域的非常有用的工具。相关性研究减少了决策中不确定性的范围。相关性系数（r）的数值载列于表 5-3 中。

表 5-3　两个采样点的相关矩阵

		布拉维尔	巴祖拉 • 巴加特
布拉维尔	皮尔逊相关	1	0.514*
	信号（2-尾部）		0.035
	N	17	17
巴祖拉 • 巴加特	皮尔逊相关	0.514*	1
	信号（2-尾部）	0.035	
	N	17	17

* 在 0.05 时，相关性显著（2-尾部）。

5.4　结论

达德干咖是克什米尔山谷的淡水溪流，总长度为 35 km。所有流动水体比静水水体的再生能力更强，因为其不断流动，所以水质的微小变化都至关重要。本研究对地点 1 和地点 2 的水质参数变化进行了检测。在地点 1（布拉维尔）没有发现水质污染，因为该区域位于河水的上游，几乎全部被森林覆盖。在上游流域，理化参数在质量标准范围以内，水质很好，适合饮用。但是在地点 2（巴祖拉・巴加特），其位于城市中心，溶解氧超出了允许的范围，河水直接受到生活污水的污染，不适合饮用。

作者详细信息

Mohd Iqbal1*，Haroon Sajjad[1]，F.A. B hat[2] 和 Imran Ahmad[3]

*所有邮件请寄往以下地址：iqbalbhat901@gmail.com

1 印度新德里国立伊斯兰大学自然科学学院，地理系

2 印度克什米尔大学地质与地球物理研究所

3 印度坦贾武尔泰米尔大学工业与地球科学系

参考文献

[1] Raja R E, Lydia Sharmila, Princy Merlin, Chritopher G, Physico-Chemical Analysis of Some Groundwater Samples of Kotputli Town Jaipur, Rajasthan, Indian J Environ Prot., 22(2), 137, (2002).

[2] Patil P R, Badgujar S R. and Warke A. M. Evaluation of Ground Water Quality In Ganesh Colony Area Of Jalgaon City, Oriental J Chem., 17 (2), 283, (2001).

[3] Patil V T. and Patil P R. Physicochemical Analysis of Selected Groundwater Samples of Amalner Town in Jalgaon District, Maharashtra, India, E-Journal

of Chem., 7(1), 111-116, (2010).

[4] Murhekar G H. Determination of Physico-Chemical parameters of Surface Water Samples in and around Akot City, Int. J. Res. Chem. Environ., 1(2), 183-187, (2011).

[5] Raza M, Ahmad A, and Mohammad A. (1978). The Valley of Kashmir: A Geographical Interpretation, (New Delhi: Vikas Publishing House, Pvt. Ltd).

[6] Standard Methods for the Examination of Water and Waste Water, 20th Ed., APHA, AWWA, WEF. Washington DC, (1998).

[7] Standard Methods for the examination of water and waste water, American Public Health Association, 17th Ed., Washington, DC, (1989).

[8] Manivaskam N., Physicochemical examination of water sewage and industrial effluent, 5th Ed. Pragati Prakashan Meerut., (2005).

[9] Sudhir Dahiya and Amarjeet Kaur, physic chemical characteristics of underground water in rural areas of Tosham subdivisions, Bhiwani district, Haryana, J. Environ Poll., 6 (4), 281, (1999).

[10] Trivedy R K. and Goel P K. Chemical and Biological methods for water pollution Studies, Environmental Publication, Karad. (1986).

[11] Environmental Protection Agency, Parameters of Water Quality Interpretation and Standards, Johnstown Castle, Co. Wexford, Ireland. (2001).

[12] Shrinivasa R. B and Venkateswaralu P, Physicochemical Analysis of Selected Groundwater Samples, Indian J Environ Prot., 20 (3), 161, (2000).